——龙泉宝剑锻制技艺的传承与创新

郑国荣　著

中国海洋大学出版社
CHINA OCEAN UNIVERSITY PRESS
·青岛·

图书在版编目（CIP）数据

剑缘：龙泉宝剑锻制技艺的传承与创新 / 郑国荣著. —
青岛：中国海洋大学出版社，2021. 12
ISBN 978-7-5670-3061-9

Ⅰ. ①剑… Ⅱ. ①郑… Ⅲ. ①兵器（考古）－技术史－
龙泉 Ⅳ. ①TS952. 4-092

中国版本图书馆 CIP 数据核字（2021）第 273120 号

JIANYUAN: LONGQUAN BAOJIAN DUANZHI JIYI DE CHUANCHENG YU CHUANGXIN
剑缘：龙泉宝剑锻制技艺的传承与创新

出版发行	中国海洋大学出版社		
社　　址	青岛市香港东路 23 号	邮政编码	266071
出 版 人	杨立敏		
网　　址	http://pub.ouc.edu.cn		
订购电话	0532－82032573（传真）		
责任编辑	孙宇菲	电　　话	0532－85902349
印　　制	青岛海蓝印刷有限责任公司		
版　　次	2021 年 12 月第 1 版		
印　　次	2021 年 12 月第 1 次印刷		
成品尺寸	210 mm ×285 mm		
印　　张	9. 25		
字　　数	203 千		
印　　数	1 ～ 1000		
定　　价	168. 00 元		

发现印装质量问题，请致电 13335059885，由印刷厂负责调换。

特别鸣谢

胡武海　毛金廷　吴明俊

王剑伟　刘　莹　沈子珍

作者简介

ABOUT THE AUTHOR

郑国荣，浙江省龙泉市人，1964年出生，高级工艺美术师，浙江省工艺美术大师，龙泉市古越剑铺掌门，龙泉市宝剑行业协会会长。

1982年，进入国营龙泉宝剑厂当学徒，从此与龙泉宝剑结缘。后来随着国营企业改制，龙泉宝剑厂整体拍卖、解散。1993年，创办了“古越剑铺”。经过多年的努力，古越剑铺不断发展壮大，已然成为一家独具特色的龙泉宝剑名匠剑铺。

在40多年的铸剑生涯中，郑国荣专心学艺、潜心创业、精心经营、悉心授徒，为“龙泉宝剑锻制技艺”的传承与创新做了一些探索和努力，取得了一定的成绩。累计有60余件作品在各级各类评比中获奖，有10余件作品被国内外知名博物馆收藏，获得注册商标10件、国家专利12项，收授徒弟20余人。

2012年12月，被授予浙江省郑国荣技能大师工作室；2013年11月，被评为国家级非物质文化遗产“龙泉宝剑锻制技艺”浙江省级代表性传承人；2015年1月，获浙江省工艺美术大师荣誉称号；2017年3月，被授予浙江省中职教育“三名”工程郑国荣大师工作室；2017年9月，获第一届龙泉宝剑争锋赛大师组、锋利坚韧项目双冠军；2018年4月，获浙江省“五一劳动奖章”；2018年6月，入选浙江省

高层次人才特殊支持计划领军人才;2018 年 8 月,获丽水市劳动模范称号。

2012 年 5 月,被聘为龙泉市中等职业学校剑瓷工艺学部刀剑工艺专业兼职教师;2013 年 12 月,任丽水市高级人才联合会工艺美术专家委员会副秘书长;2014 年 3 月,任龙泉市第八届政协委员;2014 年 10 月,任浙江省非遗保护协会宝剑锻制技艺专业委员会副主任兼秘书长;2014 年 12 月,被龙泉市人力资源和社会保障局、龙泉市中等职业学校聘任为龙泉青瓷宝剑技师学院兼职讲师;2016 年 5 月,任第三届丽水市工艺美术行业协会副会长兼龙泉宝剑专业委员会主任;2016 年 9 月,被聘为清华大学美术学院工艺美术系 2016 夏季学期《专业考察》课程指导教师;2017 年 4 月,当选为丽水市第四届人大代表;2017 年 12 月,任浙江省工艺美术学会副会长;2018 年 3 月,任浙江省工艺美术行业协会理事;2018 年 5 月,任龙泉市宝剑行业协会会长;2019 年 5 月,被聘为丽水市中等职业学校"百师千徒工程"刀剑工艺专业技能教学大师;2020 年 11 月,被选为北京收藏家协会冷兵器收藏专业委员会副主任;2021 年 1 月,被聘为沈阳大学美术学院客座教授。

此外,古越剑铺也获得了一些荣誉:2013 年 2 月,获浙江省"工人先锋号"荣誉称号;2016 年 4 月,获全国"工人先锋号"荣誉称号;2017 年 1 月,被授予浙江省非物质文化遗产"龙泉宝剑锻制技艺"生产性保护基地。

序一

PREFACE I

十年前的初春，我和几位要好的同事到龙泉考察。龙泉青瓷非常有名，自然要细细探访。而对于龙泉宝剑，大家的兴趣至少同样浓厚，于是把相关内容也加入了日程。在访问的剑师里，我们在郑国荣那里盘桓最久，被主人感染，被工坊吸引。

郑国荣相貌英武，性格豪爽，待人热诚，目光炯炯，声音洪亮。握手便知不同，那双大手粗厚有力，还有伤痕，简直就是剑师的标志。说起宝剑，郑国荣眉眼含笑，满怀激情，滔滔不绝，从设计、绘图，到选材、锻打，再到制柄、做鞘，有数不清的话题。他是中国成功打造陨铁剑的第一人，当然也要说到那几十次试验的甘苦艰辛，而后，他又满怀激情地谈起“中华神剑”成造后的种种故事。听得出也看得出，宝剑不仅是郑国荣的衣食来源，更融入了他的生命，是他钟爱的事业，承载着他的梦想。勤奋、悟性、执着和对宝剑的挚爱，促成了他的成功。

郑国荣的剑铺名曰“古越剑铺”，质朴又响亮，还隐隐牵引着对越王剑、欧冶子的联想。其店面在闹市，工坊在僻巷。工坊不大，尤其吸引我们的是一块石头和一口古井。院子里，锁着一间小屋，屋里居中立了个展柜，里面陈放着一块特大的石头。它表面凸凹，还有孔洞，黑乎乎、脏兮兮，森森然、凛凛然，傲然孤立，毫无美感。问过方知，原来这是块陨铁，是极其珍贵，又检验智慧、考验韧性的剑材。在工坊的东北角，有一口古井，井口不大，石质井栏低矮朴素，井内清水汩汩，甘洌澄澈，静静地滋润着宝剑、滋润着作坊、滋润着主人。

那次去龙泉，我和同事都买了郑国荣的剑，我还买了两柄。我们的宝剑知识有限，无从分辨幽微，购买全凭审美判断。购买之前，也

转过许多店铺,但入眼的,几乎能在古越剑铺一网打尽,它们尽管有儒雅、硬朗的区别(我买的两柄便是一“文”一“武”),但统统简洁、质朴、端庄。“文如其人”,这句百搭的套语虽然有太多的反例,但古越剑铺的宝剑大多很像郑国荣,令人感觉踏实,能够信任,乐意亲近。

如今,郑国荣已是龙泉宝剑协会的会长,这个职务是荣誉,也承载着信任,担负着责任。以其品性和能力,当然能够胜任。郑国荣还是位甘于服务的热心人,恰好借此书为龙泉宝剑贡献更多,奋力推动其发展。所谓发展,不外经济、文化两途。作为朋友,我乐见其成,也愿助其成,而朋友之义,特重直言。我是位艺术史教员,对于经营管理,不配胡言乱语,对于文化艺术,还能略陈管见。

近几年,龙泉的剑师对剑柄、剑鞘的装饰似乎过于关爱,精品宝剑上,金银玉石,镶嵌堆饰,令人眼花缭乱。甚至柄鞘越豪奢,索价越高昂。我觉得,柄鞘加装饰,应当有节制,因为宝剑的主体毕竟是剑身,不该喧宾夺主。况且,柄鞘的制作属于小木作,并非剑师所长。以短示人,殊为不智。既然如此,又何必极力营求?而对剑身多下功夫,是剑师本色,也是宝剑发展的正途。

对剑身下功夫,有品质、造型、装饰三个方向。所谓削铁如泥、吹毛立断,只是古代文人的妙笔生花,且提升锋利程度,今日已非必须;功能所限,剑身造型的改进空间也几近于零;唯有因反复锻打形成的暗纹等装饰,似乎还有文章可做。

可以举个古代的例子。宋元以降,西方传入的镔铁小刀名传天下。令镔铁小刀享誉的,不唯持握合手、锋利异常,还有它身上似隐若现的暗纹,如被明初曹昭记述的“旋螺花”“芝麻雪花”。在今日的上等龙泉剑剑身上,类似的暗纹固然有之,但往往“明目者方可辨之”。能否改进?或许可以。西方的镔铁小刀还时时附加错金银的装饰,如被宋元之交的周密称颂的“人面兽”、回回文字。对于错金银的技术和艺术,龙泉的剑师不会陌生,可惜尚未闻见富有创意的应用。能否改进?应当可以。

总之,造剑,倘若偏执于柄鞘的奢华,一定本末倒置,如果将创作的意匠倾注到剑身,显然更合宝剑的本质。这个想法,不知郑国荣和龙泉剑师以为然否。

清华大学美术学院教授　尚刚
2021 年 7 月

序二

PREFACE II

我与郑国荣先生结识是非常偶然，而又具有戏剧性的。

2001年龙泉市在上海图书馆组织了一场龙泉剑和陶瓷的展览会，我在众多的展品前浏览，为这些年来工艺大师们的成果高兴的同时，也为不少产品不够精良而微微叹息。这时，郑国荣跑过来，跟着我，不停地问我，为什么不满意，什么地方不满意。问得来劲了，他竟舍下展摊，跟我回家，探讨起中华剑文化、制剑工艺等。同来的其他展主以为郑国荣被人骗了，差点闹出一场误会。

从此之后，他竟像朋友一样不断打来电话，也常乘长途车来上海，虚心向各界人士讨教。郑国荣先生有志恢复光大中华剑文化的精神感动了各界朋友。上海图书馆和博物馆的专家为他收集文字和图片资料。孙星良、李鹏程、郭根祥等一批工艺美术界有名的老前辈和能工巧匠，帮助他研究传统工艺，还协作做出不少关键性的配件。上海大学美术学院著名教授戴明德先生为他题写了"古越剑铺"的店面招牌。古越剑铺的产量比以前少了，但效益反而高了，从此走上了工艺精湛、传承深远、配件精良的精品之路。

最近，他登门送来一把用陨铁铸造的宝剑。原来是郑国荣先生为答谢我多年来对他的支持，特铸剑一把赠予我。看着这弥足珍贵的礼物，我十分感动。试想天降陨铁概率为几何，找到陨铁的概率又为几何，能用陨铁铸剑的概率更为几何。大千世界，茫茫人海，难得！难得！这稀世之宝，对铸剑人和藏剑人都是缘分和福分。人生得此一剑足矣！

去岁，曾驾车到龙泉探访古越剑铺，见着龙泉山中的铁英，在龙泉山炭薪的烈焰下，于龙泉河水的淬激中，历万击千磨，终成一把气贯长虹的龙吟之剑。在浙南偏远山城中的郑国荣先生竟能做出如此成就，他付出的辛劳自不消说，长期探索，厚积薄发，以致蜚声内外，应该说他走对了路子。看着他黝黑的肤色和坚毅的神情，不禁心中暗想，古越铸剑先贤欧冶子一定在冥冥之中指拨和庇佑着他的传人。

沈振华于上海西郊环碧山庄

2021 年 7 月

目录

CONTENTS

壹 龙泉篇

龙泉，浙江省的一个县级市，地处浙江西南部，浙闽赣三省交界处。

世界上，以地理方位、山川河流、花草树木、人名特产来命名一个地方、一座城市的比比皆是，然而，以一把剑的名字作为一个城市的名字，除了龙泉外，也许很难找出第二个。

那么，『龙泉』这个名字到底是怎么来的？纵观遗址古迹、史书记载、出土文物、历代诗咏、世代传说……一句话：龙泉，因剑得名。

有关龙泉与宝剑的故事，精彩而绵长……

龙泉市位于浙江省西南部，浙闽赣交界处。境内崇山峻岭，层峦叠嶂，襟带众流，枕山带水。武夷山系分仙霞岭山脉、洞宫山脉，逶迤穿越境西北和东南。境域海拔千米以上的山峰有 730 余座。境东南凤阳山国家级自然保护区主峰黄茅尖，海拔 1929 米，为江浙第一高峰。境西南部有浙江省第二大江——瓯江的发源地，瓯江上游龙泉溪自西南向东北穿境而过；西北部有住溪，是钱塘江水系乌溪江源流；西部有宝溪，是福建闽江水系支源流。龙泉自然资源丰富，生态环境优越，有“浙南林海”之称，是著名的宝剑之邦、青瓷之都等，古来就有“处州十县好龙泉”之美誉。龙泉历史悠久。牛门岗出土文物证明，新石器时代，龙泉就有人类活动。东晋太宁元年(323)置龙渊乡。唐乾元二年(759)建立龙泉县。1990 年 12 月，经国务院批准，撤销龙泉县，设立龙泉市(县级)。

龙泉的由来

美玉生磐石，宝剑出龙渊。

——三国·曹植

良工锻炼凡几年，铸得宝剑名龙泉。

——唐·郭震

剑在古代为兵器，后随佩剑之风盛行，一度成为身份地位的象征。

春秋战国时代，制剑术以吴越地最著。范文澜先生在《中国通史简编》中说：“铸铁剑成功的人，在越有欧冶子，在吴有干将和莫邪。”

东汉袁康、吴平的《越绝书·越绝外传记宝剑》还有这样的记述：“楚(惠)王(？—前 432)召风胡子问之曰：‘寡人闻吴有干将，越有欧冶子，此二人甲世而生，天下未尝有。精诚通天，下为烈士。寡人愿赍邦之重宝，皆以奉子，因吴王请此二人作铁剑，可乎？’风胡子曰：‘善。’乃令风胡子之吴，见欧冶子、干将，使人作铁剑。”

剑祖欧冶子雕像

欧冶子、干将凿茨山，泄其溪，取铁英，作为铁剑三枚：一曰龙渊；二曰泰阿；三曰工布。毕成，风胡子奏之楚王，楚王见此三剑精神，大悦风胡子，问之曰：“此三剑何物所象？其名为何？”风胡子曰：“一曰龙渊；二曰泰阿；三曰工布。”楚王曰：“何谓龙渊、泰阿、工布？”风胡子曰：“欲知龙渊，观其状，如登高山、临深渊；欲知泰阿，观其釽，巍巍翼翼，如流水之波；欲知工布，釽从文起，至脊而止，如珠不可衽，文若流水不绝。”可见龙渊、泰阿、工布三剑不但锋利无比，而且剑身上的天然花纹亦非常美观。龙渊、泰阿、工布三剑从此名扬天下。这就是龙泉宝剑的起源。

“古剑池”石碑

宋嘉定《龙泉志》载：“近境有剑池湖，世传欧冶子于此铸剑。”明万历《括苍汇纪·地理》记龙泉县南有剑池湖，湖畔有七井，如七星排列，为欧冶子铸剑之所。由此可见，战国时期，龙泉是越国的著名铸剑处，龙泉宝剑渊源在龙泉秦溪山麓的剑池湖。

剑池湖老照片

当年欧冶子在秦溪山麓铸就龙渊、泰阿、工布三把宝剑的故事代代相传。三国时，曹植就有“美玉生磐石，宝剑出龙渊。帝王临朝服，秉此威百蛮”的诗句。到了晋代，有一个“丰城剑气”的故事流传很广。这个故事记载在《晋书·张华传》里，讲的是当年欧冶子在秦溪山麓剑池湖处所铸的龙渊、泰阿两把宝剑，被丰城县县令雷焕在狱屋基下掘得，后又在延平津化龙飞去的故事。这个故事与《越绝书·越绝外传记宝剑》说的欧冶子为楚王铸龙渊、泰阿、工布三剑相符。因为豫章丰城在今江西境内，古时属楚地，楚王的龙渊、泰阿剑落在豫章丰城是可信的。

剑池亭老照片

据考古工作者统计，全国各地共出土各种“越王剑”20 余把，既名为“越王剑”，当然是越王的所有物，其中一些可能是在龙泉秦溪山铸造的。龙泉为春秋战国时期铸剑之地，更有力的佐证是本地及附近出土的剑。一是 1958 年在龙泉水南稽圣潭塔下出土的一柄青铜剑。此剑全长 96 厘米，完好无损。经文物管理部门鉴定，为春秋时期的产物。稽圣潭塔与龙泉城隔水相望，与欧治子铸剑之地的剑池湖仅五里之遥。二是 1984 年 2 月，在龙泉溪下游的紧水滩电站水库工地发掘出的一柄青铜剑。该剑长 47 厘米，宽 3 厘米，柄长 7. 5 厘米，柄上的如意图案清晰可见。看来，龙泉不但生产铁剑，也生产青铜剑。同时，龙泉并非战略要地，历史上也没有发生过大规模的战争，因此，出土的青铜剑应为龙泉本地所铸造。

关于龙泉地名的来历和变迁，也与“龙渊”和后来的避讳有关。据《大清一统志》记载：“剑池湖，在龙泉县南五里，周三十亩。相传欧冶子铸剑于此，号为龙渊。唐讳渊改曰龙泉，宋宣和中改曰剑池湖。邑名本此。”龙泉为扬州之域，春秋时属越国。晋明帝太宁元年(323)设龙渊乡。唐避高祖李渊讳改为龙泉乡。唐肃宗乾元二年(759)置龙泉县。宋徽宗宣和三年(1121)诏天下县镇凡有龙字者皆避，因改剑川县。宋高宗绍兴元年(1131)复名龙泉县。自此之后，龙泉之名，沿袭未变。无论是龙渊、龙泉还是剑川，都未失因剑而名之本义。

为什么是龙泉

古话说，天时地利人和。可见成就一件事，相应的条件、要素缺一不可。为什么龙泉自古出产宝剑？是因为龙泉确实具备了极佳的铸剑条件。

在古人眼里，铸一把好剑，是日月山川精华孕育的结果。据成书于春秋末战国初的《考工记》记载：“……吴粤之剑，迁乎其地而弗能为良，地气然也。”意思是说，吴、越两国有非常好的铸剑原材料，但是如果离开了当地的自然条件，是不能铸成好剑的，这是“地气”的作用。从现代科学角度分析，“地气”包括地理、地质、生态环境等多种自然因素。因地理环境不同，各地矿物成分不同，水中微量元素的差别，就会造成金属制品的组织结构和热处理质量的差异，这些正是吴越之剑之所以如此精良的主要原因。

剑池亭老照片(摄于 20 世纪 50 年代)

那么，龙泉都具备了哪些得天独厚的铸剑条件？

首先是铁。铁是铸剑的主要材料，龙泉境内铁的储量十分丰富。在龙泉城之南，即欧冶子最早铸剑的秦溪山一带，不但有铁矿，而且矿层分布在地表。这些铁矿石经日晒雨淋，热胀冷缩，天长日久，逐渐风化而变成了铁砂。这种铁砂的主要成分是三氧化二铁，含铁量并不十分高，有的仅达20%。但把它们收罗起来，经过淘洗，去掉泥沙，再加以冶炼，就可作为铸剑的材料。同时，龙泉还盛产耐火泥。铸剑的炉子要经受1000多摄氏度的高温，没有耐火泥，就砌不成耐高温的炉子。

其次是炭。龙泉九山半水半分田，森林资源相当丰富，自古伐木烧炭就是当地的一大产业。龙泉还产一种“铁炭”，是特有的薪炭林中所产的薪炭烧制成的。这种“铁炭”火旺耐烧，其效果不亚于如今炼钢用的煤焦，是铸剑冶炼的上好材料。

三是水。淬火离不开水。秦溪山剑池湖，湖水甘寒清冽，可给剑作淬火用。淬火用现代的冶金术语说，就是热处理。这是改善金属制品性能的工艺，把烧得通红的剑坯迅速插入水中或其他介质中，快速冷却，它的内部组织就会发生变化。只要铸剑师掌握得巧，要坚则坚，要柔则柔，可以使剑刚柔并济。这种水也是其他地方不易找到的。

剑池湖老照片（摄于1963年）

四是磨剑石。剑铸成后要磨砺。秦溪山附近产的“亮石”，是磨剑石中的上品。剑在“亮石”上面磨砺以后，可显出特有的青光，锋利无比。

此外，龙泉还产红豆树（花梨木），是制作剑鞘的上好木料。

剑气贯城耀古今

纵观历史与变迁，可以清晰地看到宝剑与龙泉渊源之久远、关联之密切。

宝剑选择了龙泉，龙泉孕育了宝剑。宝剑成了龙泉的特定标签，龙泉则成了宝剑的代名词。剑气，是龙泉这座城市的灵魂之所在；城市，则是龙泉宝剑赖以传承发展的宝地。

宝剑是龙泉的根脉，更融入了龙泉人的血脉。千百年来，“龙泉”亦剑亦城，宝剑“龙泉”和城市“龙泉”水乳交融，交相辉映，相得益彰。

龙泉风貌

宝剑“龙泉”，在一代代欧冶传人的接力下，薪火相传，铸剑技艺、宝剑文化不断发扬光大。

城市“龙泉”，无论是脚下的路、眼中的景，抑或是身边的人，无不彰显着宝剑文化元素，蕴含剑胆琴心、侠骨柔肠的特质。

1. 与宝剑有关的遗址、地名、单位、人名等

在龙泉，与宝剑有关的遗址、古迹、景点有欧冶子将军庙、剑池湖、七星井、剑池亭、亮石坑、欧冶子广场、青瓷宝剑苑、龙泉宝剑博物馆、龙泉宝剑小镇……

与宝剑有关的地名有龙渊街道、剑池街道、剑川大道、剑川大桥、龙渊公园、剑池湖、剑池路、剑木路、剑池锦园、剑谷小区、剑湖、剑湖桥、剑湖电站、剑湖农场、剑坑、秦溪路、秦溪漠、南秦村、金沙、大沙……

与宝剑有关的单位名称有龙渊街道办事处、剑池街道办事处、龙泉青瓷宝剑技师学院、龙渊派出所、剑池派出所、南秦小学、龙泉农商行龙渊分理处、龙泉农商行剑池支行、剑池幼儿园、剑川宾馆、剑都酒店、剑城宾馆……

与宝剑有关的人名有剑龙、剑泉、剑英、剑雄、剑文、剑武、剑威、剑宝、剑长、剑强、剑明、剑铭、剑友、剑高、剑伟、剑刚、剑亮、剑灵、剑兴、剑胜、剑彪、剑锋、剑琴、剑秀、剑花、书剑、兰剑、友剑、仙剑……

2. 龙泉市树：红豆树（花梨木）

2008年，龙泉启动市树评选活动。经公众推荐、专家评审，珍贵树种红豆树（花梨木）在8个候选树种中脱颖而出，一举中的，可谓众望所归。红豆树（花梨木）之所以入选龙泉市树，也是因为它与龙泉宝剑有着密不可分的关系。在被列入国家二级重点保护植物前，红豆树（花梨木）是龙泉宝剑剑鞘、剑柄用材的首选。

3. 传统习俗

从师学艺

艺徒在学艺前，要到祖师爷欧冶子将军庙点香膜拜，虔诚祝祷，并向师父、师母作揖。艺徒进剑铺后的第一个月，天天早上要在剑炉头的祖师神位前敬点香烛，跪拜祖师。艺徒进铺半年之内只能干一些帮锤、拉风箱、挑水等粗工杂务。半年后始能学艺，先铲削剑坯，一年后方能磨坯。淬火是一道关键性的工序，全凭经验，师父一般不直言，而凭学徒的聪明才智，自己去感悟、体验，才能学到。

拜祖师

欧冶子是龙泉剑业的祖师。在北宋时，秦溪山麓的剑池湖畔，就建有欧冶子将军庙。各剑铺的炼剑炉上都有欧冶子神位，农历每月初一、十五两天都要备三牲，祭祀祖师。每年农历五月初五，剑匠们要到欧冶子将军庙祭谢祖师。礼毕，去秦溪山脚挖泥补炉，并取剑池之水，在池畔铸剑。傍晚，还要挑一担剑池水回店铺，以备炼剑淬火之需。

剑祖欧冶子公祭现场

剑祖欧冶子公祭现场

砍树制鞘

古时剑鞘为兽革所制，那时要选用一箭击中的鹿、獐、山羊的皮革制鞘，认为这样出阵作战才吉利。清末民初，剑鞘改用珍稀名贵的花梨木制作。采伐花梨木时有独特的习俗，先在农历正月初三选好树，用红纸围贴树干，以三牲祭祀山神；到农历五月初五午时，方才动工砍伐。这一吉日系祖师欧冶子炼就第一把好剑的日子，有吉祥之兆。这一习俗现已革除。

4. 剑祖公祭

从 2007 年开始，由官方组织举办的中国龙泉青瓷龙泉宝剑文化旅游节，是一个集文化、旅游、经贸于一体的国际性商旅文化活动，并成为浙江省重点扶持的 18 个文化节庆活动之一。

期间，在欧冶子广场隆重举行剑祖欧冶子公祭活动，由政府官员、嘉宾、宝剑艺人等组成祭祀队伍，通过向剑祖欧冶子像敬呈贡品、敬献花篮、上香敬酒、诵读祭文，缅怀铸剑祖师欧冶子功绩，传承“工匠精神”，提升龙泉宝剑品牌知名度，进一步推动龙泉宝剑产业快速、健康、持续发展，增强传统文化的吸引力和凝聚力。

此外，还有宝剑作品评选展示、技艺比武、万人舞剑等活动。

5. 产业基地

龙泉青瓷宝剑苑

21 世纪初，开发建设前店后厂式的龙泉宝剑、龙泉青瓷两大传统产业特色园区，是龙泉城市形象的对外窗口和市区旅游项目，也是将地方传统文化、工业与旅游三者有机结合的一个典范，后提升为国家 AAA 级旅游景区和工业旅游示范点。

龙泉宝剑小镇

龙泉宝剑小镇位于龙泉市主城区西南角，2016 年入选第二批浙江省级特色小镇创建名单。龙泉宝剑小镇规划区面积 3.7 平方千米，其中建设区面积 1.03 平方千米，以“文化旅游休闲、宝剑锻造技艺、刀剑生产基地”为主题，以龙泉宝剑这一历史经典产业为核心，以产业、文化、旅游、社区“四位一体”为建设理念，建设宝剑大师园、风情一条街、产业

寻剑石

寻剑石

龙泉全景

体验街等特色项目，推动宝剑小镇生态、生活、生产的融合发展，打造集宝剑铸造技艺传承地、宝剑文化创意集散地、宝剑文化体验区、宝剑文化旅游休闲区、影视剧拍摄基地为一体的文化新地标。

6. 传承发展

在党和政府的正确领导下，一直以来，龙泉市委市政府对宝剑行业悉心呵护、关爱有加，一代代宝剑艺人秉承先祖遗风，传承铸剑技艺，弘扬宝剑文化，共同推动龙泉宝剑行业不断发展壮大。

2001 年，龙泉宝剑被认定为“浙江省首批传统工艺美术保护品种”之一；2003 年，中国工艺美术协会授予龙泉市“中国龙泉宝剑之乡”荣誉称号；2006 年，“龙泉宝剑锻制技艺”入选首批国家非物质文化遗产代表作名录；2015 年，龙泉宝剑列入浙江省历史经典产业。

斗转星移，时光荏苒。宝剑作为武器和权力、身份、地位象征的时代已然远去，但作为礼器、工艺品、文创产品、影视道具、武术器械等方兴未艾，并依然象征着正义，代表着精神，意味着力量，承载着匠心，传承着历史。

宝剑与龙泉，美丽的故事延续了千百年；龙泉与宝剑，与剑共舞的新传奇值得期待！

贰 传承篇

专心学前人，诚心传后人。正是有了一代代宝剑艺人的接力传承，龙泉宝剑才得以不断发扬光大。

寻门而入，破门而出。传承好龙泉宝剑锻制技艺，要学习剑祖欧冶子勇于探索的精神、追求极致的技艺和历代宝剑艺人积累的弥足珍贵的经验。同时，学艺不能一味模仿别人，要在博采众长的基础上，形成自己的个性特色，这样，才能闯出一片属于自己的天地。

薪火相传，生生不息，龙泉宝剑的炉火必将越来越旺。

我的祖籍为浙江温州。中华人民共和国成立初期，父母来到龙泉打拼，并定居于此，从此，我们一家与龙泉结缘。

20 世纪 80 年代初，我高中毕业后，进入国营龙泉宝剑厂工作，从此，与龙泉宝剑结缘。

进龙泉宝剑厂工作

1982 年，我高中毕业。因为工作上的联系，我父亲认识龙泉宝剑厂的李信宝师傅。李信宝是沈氏宝剑第五代传人。从李师傅口中我父亲了解到不少有关宝剑厂的信息，认为龙泉宝剑名气这么大，去宝剑厂工作将大有前途。我本人的想法与父亲刚好一致，于是，就通过招学徒的形式进了原国营龙泉宝剑厂，拜李信宝为师。从此，我迈出了铸剑人生路的第一步，与龙泉宝剑结下了不解之缘。

通过两年的学习，到第三年刚好有一批单位招工，其中就有国营龙泉宝剑厂。记得当时报考宝剑厂的人数还不少。学徒工需经过文化考试和技术考核才能转为正式工。在文化考试中，我集中精力，认真发挥，得了第一名；技艺方面得了第三名。就这样，我成了龙泉宝剑厂的一名正式员工。

作者（右）与师父李信宝合影

记得刚进龙泉宝剑厂时，厂长是傅陈根。我和师父分配在二车间，工种是锻工，即抡起大锤打剑坯。从学生一下子变成学徒工，干的是如此繁重的体力活，开始时我感到非常不适应，一天下来筋疲力尽，尤其是一双手臂疼痛难忍，一度产生过放弃的念头。但父亲要求我要有吃苦耐劳的精神，并教育我，只有吃得起苦的人才能学到真本事。听了父亲的话，我咬着牙坚持了下去。

不料更苦更累的事情还在后头。磨一把宝剑要三天左右，一边磨一边洗，一天下来，全身衣服都湿透了。因为又累又着了凉，我晚上一回家就开始发烧，基本上磨一次宝剑都要生一次病。那时候，一般的小病是不去看医生的，也不请假。每次发烧都是母亲煮几碗红糖姜汤加一些葱头和辣椒，让我喝下去。好在当时年轻身体好，喝了母亲做的姜汤，每次发烧总能很快好转。有时，夜晚还在发烧，第二天早上又赶去上班。

铁锤叮当、炉火熊熊、磨剑水寒……在经历了一千多个不寻常的学徒工日子后，经过严格的技术测试，终于迎来了出师的曙光。从此，我告别学徒，作为一名普通剑匠进入按件计酬。头一个月，我甩开膀子大干一番，挣了78元工资。当时父亲的工资是48元，母亲36元，全家人我拿到的工资最高，成就感、自豪感油然而生。在家里，我是一个乖孩子，领到工资后仅给自己留下20元钱，其余58元交给母亲。接过我的钱，父母的脸上露出了欣慰的笑容。

龙泉宝剑厂第二届职代会人员合影（后排左二为作者）

在厂里，我工作认真负责，思想追求上进，经常得到领导的表扬，曾连续三年被评为厂里的先进工作者。

1985年前后，我每月可拿到500元工资，全年工资五六千元。当年，宝剑厂工人平均年龄26岁，工人月工资最高为558元，创全省最高。作为一名宝剑厂工人，凭借自己的努力，可以拿到如此丰厚的报酬，我心里感到无比自豪。

20世纪80年代末至90年代初，随着市场进一步开放，国营企业面临改制。早在1985年，宝剑厂就有职工离职，自谋出路成为个体工商户。1990年，龙泉宝剑厂由我和本厂同事汤建平、季根秀出面承包。当时承包人具体负责全厂130多号人马的生产和产品质量管理，厂方只收购产品并负责销售。这样的状况维持了三年，随着改革开放进一步深化，宝剑厂面临改制、拍卖、解散。

创办古越剑铺

1993年，是我铸剑生涯当中的关键一年。这一年，随着龙泉宝剑厂的解散，我走上了自谋职业、自主经营的道路。

在几位好友的协助下，我注册成立了“古越剑铺”，自任掌门人，并带了3个徒弟，在创业的道路上跨出了万事开头难的第一步。

古越剑铺

我将自己的剑铺取名“古越剑铺”，一方面是古代龙泉属于吴越之地，且制剑术最著，“古越”带有鲜明的地域特征；另一方面是勉励自己，既要传承好前辈的铸剑技艺，更要不断创新、努力超越先人。

1988年儿子出生，我给他取名“剑威”，意思是希望他能够像宝剑一样威严、威武。儿子没有辜负我的期望，大学毕业后，放弃了可以留在杭州工作的机会，毅然回到我身边学铸剑。经过这些年的努力，他系统地掌握了铸剑的一整套工序，对剑文化也有了较为全面的认识和理解，先后有10余件作品在各级各类评比中获奖，多件作品被博物馆收藏，发展势头看好。与此同时，他还在营销上发力，网络销售做得风生水起。

古越剑铺员工

2000年，我因剑结缘了一位“贵人”。那年，龙泉市委、市政府组织在上海举办“龙泉宝剑龙泉青瓷精品展”。我带了几件作品参展，吸引了不少游客驻足欣赏。人群中有一位年纪50多岁的大哥，衣着朴素得体、气质优雅脱俗，他盯着我的“祥和剑”反复细看，一连两天都是这样，但他既不问价钱也不购买。到了第三天，当这把剑卖掉后他又来了，并对我说，一看就知道你是一个有技术、认真做事的人，但还是想对你提一点建议，不知愿意听否？我连忙拱手作揖表示愿意。接着，我们先去展示大厅看了一把古剑，他指出了古人做剑的一些道理。然后又问我是否愿意去他家看几件好东西。刚刚听了他对古剑的一番见解，凭直觉，我觉得此人可信。信人不疑，我真的跟着他去了他家。当时，龙泉同行们都认为这个人可能是个骗子，我走后都为我捏了一把汗……但后来的结果证明，我遇到贵人了。

原来，此人姓沈名振华，曾是上海市教育科学研究院副院长，后来进军房地产市场，是一位在学界、商界均有建树的成功人士。

到家坐定后，沈先生拿出了一把当时价值6万元的藏刀。我接过刀里里外外地看了一遍。这刀确实很好！工艺精湛，有许多技艺值得龙泉宝剑学习和借鉴，尤其是用银包壳的刀鞘比龙泉的花梨木剑鞘更显得庄重大气。我告诉沈先生，龙泉宝剑用花梨木做剑鞘也非常有特色，可惜资源稀缺，正面临原材料缺乏的困难。

沈先生不仅见多识广、学识渊博，而且为人非常爽快。他说，三天来，我通过你的作品也观察你的人品，我觉得我们可以交个朋友，所以就冒昧地把你请过来，打算助你一臂之

作者（左）与沈振华先生合影

整剑检验

力！接着，他又毫不保留地给我上了一堂有关紫檀木、红木、巴西黑檀、鸡翅木等的知识课，还推荐了国内外几位花梨木、紫檀木市场老板及朋友的信息，制作剑鞘高档木料短缺的问题迎刃而解。后来，我率先引进外地原材料，带动并解决了同行“巧妇难为无米之炊”的困难，使龙泉宝剑剑鞘以花梨木为主转由进口高档木料取代，迎来了宝剑产业的新发展。

那一天，我们聊得很投机。沈先生还就如何从龙泉宝剑的历史积淀里挖掘文化内涵，做大做强品牌、产业分享了他的见解。他认为龙泉宝剑完全可以做得更好。经过沈先生的一番点拨，让我茅塞顿开，增长了见识，开阔了视野。

这次上海展会，我一共卖出两把剑：一把 4800 元，另一把 3600 元，共计 8400 元。但最大的收获是遇到了沈振华先生，结交了一个在事业上有所助益的贵人。从那以后，我只要出差到上海，都要去拜访他。我对沈先生始终怀着感恩之心，为此，宝剑小镇大师园新剑铺的精品展厅，就以沈先生的名字“振华厅”命名。

2001 年，龙泉市委、市政府又在北京举办“龙泉宝剑龙泉青瓷精品展”，这次我带了 10 余件作品参展。我的一把“百辟短剑”以 18000 元的价格成交，打响了展会第一炮！第三天，我的一把“百炼长锋剑”以 20000 元成交！整个展会，我共卖出 6 把宝剑，计 78000 元。那次北京展会我算是挖得了铸剑生涯的第一桶金，尝到了文化包装的甜头。

从北京回来后，我的创作理念有了进一步提升。要制作一把好剑，不仅仅是选材、锻造、磨砺、包铜等工艺上要精益求精，更重要的是要挖掘历史文化，赋予每一件作品以文化

参加剑祖欧冶子公祭

内涵。一把有文化、有故事的宝剑，才是真正具有吸引力、生命力的艺术品。

经过近30年的发展，作为专门从事刀剑研究、设计、开发，以传统工艺与现代技术相结合制作精品工艺刀剑的企业，古越剑铺现有一支工种全、专业强、技术精、结构合理，有利于技艺传承、技术交流、开发创新的工匠团队，多人次作品在各级各类评比中获奖。随着剑铺的不断发展壮大，已然成为一家独具特色的龙泉宝剑名匠剑铺。2016年4月，古越剑铺团队获得全国"工人先锋号"荣誉称号。

出席庆祝"五一"国际劳动节暨全国五一劳动奖表彰大会

位于龙泉宝剑小镇大师园的新古越剑铺

培育新人

这些年来，我共收授徒弟 20 余人。我悉心指教、毫无保留。他们专心刻苦、学有所成，都能熟练掌握宝剑锻制技艺，先后创办了自己的企业、工作室，从事宝剑生产、经营，成为龙泉宝剑行业的新生力量。

曾志友，龙泉市志友剑坊掌门人。1969 年出生于浙江龙泉，工艺美术师，国家级非物质文化遗产“龙泉宝剑锻制技艺”龙泉市级代表性传承人，龙泉市宝剑行业协会会员。主要荣誉：丽水市工艺美术大师，龙泉市首席技师。

卓树平，龙泉市卓氏刀剑厂厂长。1977 年出生于浙江龙泉，工艺美术师，刀剑制作高级技工，浙江省工艺美术学会理事、浙江省工艺美术行业协会会员、浙江省非遗保护协会宝剑专业委员会委员，国家级非物质文化遗产“龙泉宝剑锻制技艺”龙泉市级代表性传承人，龙泉市宝剑行业协会会员。主要荣誉：浙江省工艺美术先锋人物，丽水市金牌技师、丽水市技术能手、丽水市绿谷工匠，龙泉市首席技师、匠心工匠。

叶海源，龙泉市尚方堂剑坊掌门人。1976 年出生于浙江龙泉，工艺美术师，国家级非物质文化遗产“龙泉宝剑锻制技艺”龙泉市级代表性传承人，龙泉市宝剑行业协会会员。

传授炼剑技艺

主要荣誉：丽水市绿谷工匠。

管敬鹤，龙泉市管师傅刀剑厂厂长。1976 年出生于浙江龙泉，工艺美术师，国家级非物质文化遗产“龙泉宝剑锻制技艺”龙泉市级代表性传承人，龙泉市宝剑行业协会会员。主要荣誉：丽水市“五养”技能大师、丽水市技术能手、丽水市绿谷工匠，龙泉市首席技师。

陈伟龙，卡卡动漫刀剑掌门。1973 年出生于浙江龙泉，工艺美术师，刀剑制作高级技工，龙泉市宝剑行业协会会员。

赵盛淼，龙泉市盛淼刀剑厂厂长。1974 年出生于浙江龙泉，工艺美术师，国家级非物质文化遗产“龙泉宝剑锻制技艺”龙泉市级代表性传承人，龙泉市宝剑行业协会会员。主要荣誉：丽水市技术能手、丽水市绿谷工匠，龙泉市首席技师。

郑剑威，古越剑铺掌门助理。1988 年出生于浙江龙泉，工艺美术师，浙江省非物质文化遗产保护协会宝剑专业委员会委员，龙泉市宝剑行业协会会员。主要荣誉：丽水市绿谷新秀人才。

传授整剑技艺

叶建新，龙泉市兴鑫剑铺厂长。1979 年出生于浙江龙泉，工艺美术师，国家级非物质文化遗产“龙泉宝剑锻制技艺”龙泉市级代表性传承人，龙泉市宝剑行业协会会员。主要荣誉：丽水市绿谷工匠，龙泉市首席技师。

叶宗龙，龙泉青瓷宝剑技师学院刀剑工艺专业教师。1988 年出生于浙江龙泉，刀剑制作高级技工，龙泉市宝剑行业协会会员。

张乐宇，龙泉市承匠堂刀剑技术总监，承匠堂创始人，张字号掌门人。1990 年出生于浙江龙泉，助理工艺美术师，刀剑制作高级技工，龙泉市宝剑行业协会会员。

叶蓬松，龙泉市叶匠刀剑厂厂长。1983 年出生于浙江龙泉，助理工艺美术师，龙泉市宝剑行业协会会员。主要荣誉：全国刀剑手工技艺大赛三等奖。

吴厅，龙泉市武剑堂设计师。1996 年出生于浙江龙泉，助理工艺美术师，龙泉市宝剑行业协会会员。

…………

为了让“龙泉宝剑锻制技艺”这一国家级非物质文化遗产后继有人，2012年5月，龙泉市中等职业学校（现龙泉青瓷宝剑技师学院）特聘我为刀剑专业兼职教师。我真心实意传授技艺，为培养更多有知识、有文化、有技能的新生代龙泉宝剑人才而不懈努力，尤其注意发现、培养尖子学生，吸纳优秀毕业生到剑铺学习技艺，为新生代的实践、发展提供机会。截至目前，已累计培养学生400余人，为龙泉宝剑行业的长远发展做出了积极的贡献。

传授淬水技艺

2012年12月，浙江省人力资源和社会保障厅、浙江省省财政厅授予工作室“浙江省郑国荣技能大师工作室”称号，这也是首批省“三名工程”大师工作室建设项目。

这些年来，我带领工作室团队开展“师徒结对”，实行“双轨制”教师培养，破解师资队伍建设瓶颈。践行“大名大师，千名高徒”刀剑技能人才培养，指导专业实训基地建设，新建刀剑“3D”打印实训室等。拓展校外实训基地，在古越剑铺新建了宝剑原料热处理研

传授磨剑技艺

授课现场

授课现场

究室和网络直播教学室和企业教室。

通过各方的共同努力，工作室团队取得了可喜的成绩，新注册商标 3 个，发明专利 1 项、实用新型专利 1 项、外观设计专利 3 项，帮助企业取得技术成果 3 项。在师资队伍建设方面取得新突破，团队新增浙江省工艺美术学会副会长 1 名，丽水市级特色专业大组组长 1 名，“龙泉宝剑锻制技艺”龙泉市级代表性传承人 1 名。现代学徒制人才培养取得新进展，学生技能水平有了新突破，得到了社会各界的认可和好评，2017 届刀剑高工班 41 人参加刀剑专项技能考证，通过率达到 100%。专业内涵不断丰富，编写校本教材 2 本。

叁 创新篇

走过二千五百多年的龙泉宝剑，既是一部传承史，更是一部创新史。

『问渠那得清如许，为有源头活水来。』创新归根到底是人才创新、理念创新、技艺创新。

创新是一个民族进步的灵魂，创新是引领发展的第一动力。国家民族如此，行业作品亦然。师古不泥古，创新向未来。无论是宏观的行业发展，还是微观的制作技艺，创新永无止境。

创新技术

“欲知龙渊，观其状，如登高山、临深渊；欲知泰阿，观其钣，巍巍翼翼，如流水之波；欲知工布，钣从文起，至脊而止，如珠不可衽，文若流水不绝。”这段话说的是“龙渊”“泰阿”“工布”三剑除了锋利无比之外，剑身上的天然花纹也是非常美观的。然而，这美观的天然花纹除了史书记载外，真实情况到底怎样谁也说不准。自从进入宝剑厂后，我就对神奇的龙泉宝剑充满好奇，心里总想着有朝一日，自己能够亲手制作出有漂亮天然花纹、削铁如泥的龙泉宝剑。

1983 年，在龙泉宝剑厂的陈列厅中，我看到了师傅们制作的、在北京国际旅游产品评比会上获得金奖的“云花剑”。这件作品通过在剑身上灌注其他金属材料的技法，使剑身

炼剑中

第一届龙泉宝剑争锋赛现场

上产生一种色差纹理。这一技法和效果现在来讲已经不足为奇，甚至有点过时，但它点燃了我对花纹钢纹理的极大兴趣。

我从“云花剑”剑身的天然花纹上受到最初的启发，但在宝剑厂里一直都是忙于赶订单抓生产，并没有做太多的探究。自己创办剑铺后，我将剑身天然花纹作为一项重要技术进行攻关。通过不断研究和探索，终于成功挖掘和复原了春秋战国时期欧冶子的传统铸剑技艺。同时，我掌握了金、银、铜、铁及玉外饰装具的手工雕琢，尤其是剑刃的多种冶炼锻造方法。2000 年，我率先创制了花纹钢龙泉剑，从而让史书记载的、剑身上非常美观的天然花纹，成为看得见、摸得着的现实。这不仅恢复、提升，甚至超越了传统锻造技艺，也使自己的作品有着与众不同的风格和品质。

一直以来，龙泉宝剑的剑坯形制靠人工小锤锻打，既费时费力，又效益低下。一个熟练工一天也只能锻打 20 支左右剑坯，严重制约着龙泉宝剑行业的产业化、规模化发展。1997 年，我在长期积累经验的基础上，通过不断改进空气锤工艺和浇铸、滚压等多种工艺，使用机械锻打剑坯成型取得成功，使一个工人一天能够锻打 300 支剑坯。这项技术在业内推广后，产生了巨大的经济效益，有力推动了整个龙泉宝剑行业的快速发展。

在传统技艺传承和技术创新中，我特别注重宝剑技术科学研究，主动与科研机构合作

在第一届龙泉宝剑争锋赛中获得大师组、锋利坚韧项目双冠军

并投入科研经费。在没有先例的情况下，通过不断试验，用纯陨铁成功铸造出“陨铁剑”，成为我国掌握该项绝技绝活的第一人。2018 年 3 月，“陨石宝剑的制备方法”获国家发明专利。

截至 2021 年，我先后获得国家专利 12 项，其中，发明专利 1 项，实用新型专利 1 项，外观设计专利 10 项；注册商标 6 个。

“中国陨铁第一剑”

从远古的青铜、铁砂（铁英）到现在的碳钢，古往今来，铸剑，大多是用金属材料。那么，天上掉下来的陨石也能铸剑吗？

2004 年，我历尽艰辛，成功炼就了一把陨铁剑——“追风”，开创了我国陨铁炼剑的先河，并被北京天文馆授予“中国陨铁剑制作第一人”荣誉称号。

陨铁剑对我来说是非常重要的一把剑，在我的铸剑生涯中，不但给了我极好的平台和难得突破的机会，也拓宽了我的视野，对我的未来和发展影响极其深远。这一切，还得从2004年初说起。

我清楚地记得，2004年正月初八那天，我开着车，突然接到一个电话："喂！您好！您是郑师傅吗？""是的，我是。"……我与北京天文馆的张宝林先生就这样结缘了。

当时，张先生问我有没有用陨铁做过宝剑。我说，听说过但没有做

陨　石

锻打剑坯

过。他又接着说，美国、日本有做过这样的剑。凭借不服输的精神，我回答他，人家能够做出来，我也一定能做出来。“好的，过几天我就去找您！”张先生回答道。

我真没想到张先生真的会来找我，并且还来得那么快。宝剑行业习惯上都是过了元宵节才正式开工，正月十六那天，我开车去温州买材料，路上接到张先生打来的电话，说是带着徒弟已到龙泉了。因为我要两天后才回龙泉，于是我推荐了好几个厂家，请他们先去看看。

过了一个星期左右，张宝林先生又打来电话说，上次来龙泉没有见到我，心里有点遗憾，想请我去一趟北京。我考虑了一下，答应去北京。

“中国陨铁第一剑”

张宝林先生亲自到首都机场接我，两人虽然是第一次见面，但一见如故，聊得十分投机，不知不觉就到了北京天文馆。他先领着我参观了展示大厅，然后讲了做陨铁剑的目的和用意。据我理解，做陨铁剑是天文学家的一次科学实践，是有特别要求的，并且也是一项政治任务。随后我们又去了陨石仓库，我挑选了一些与铁矿石相似的陨铁。第三天我返回了龙泉。

作者(右)与陨石专家张宝林先生观赏交流陨铁剑

为了完成铸剑任务，我回来后就马上动工。和往常一样，首开的是炼坯料，将陨铁放进炉堂煅烧，可没想到的是，不管用多长时间烧就是不见熔水，仅是边角有些红，中间部分没有丝毫动静。

于是我便开始查阅文献资料，例如，《中国古代冶金史案》《中国名剑谱》，又去走访一些老铁匠铺和老铸剑艺人，但都无功而返。总不能就此放弃，所有工作都是依仗自己的努

我国探月工程首席科学家欧阳自远先生（左）与陨石专家张宝林先生在观赏交流陨铁剑

力在摸索中进行的。在锻打过程中，结合自己20余年的铸剑经验，我边打边研究陨铁的成分，在没有经验可供借鉴的情况下，只好一遍遍地试验找出合适的熔点、黏合度等。我分析后认为，陨铁与普通铁不同，不但熔点高，而且黏性差，火候、熔点非常难掌握。

一天一天，一锤一锤，我一丝不苟地锤炼着，历时半年多时间，终于初见成效。虽然并不是十分完美，但总算出炉，剑净重不足1千克，却用了10余千克陨铁打造而成。这也足以说明陨铁剑出炉，来之不易，不但要有丰富的经验和持之以恒的耐心，更要有迎难而上的勇气。

为了让剑更显高贵和典雅，我又为其配上紫檀木剑鞘和精美的配饰，取名“追风”，专程送到北京，并通过了中国地质科学院专家组的鉴定。中国探月工程首席科学家欧阳自远先生，得知陨铁剑铸成后非常高兴，专程观赏了这把陨铁剑，并称赞说，这项工程非常有意义，为中国探月工程做了一

北京电视台在拍摄陨铁剑

中央电视台在古越剑铺拍摄专题片《天剑传奇》

次尝试性科学实验，填补了中国用陨铁做剑的空白，是中国的骄傲。为了感谢我的付出和努力，在陨石专家张宝林先生的建议下，北京天文馆授予我“中国陨铁剑制作第一人”荣誉称号。2006年，中央电视台专门就此事拍摄了专题片《天剑传奇》。

张宝林先生是继上海的沈振华先生后，我遇上的又一个贵人。为了铭记知遇之恩，我将在宝剑小镇大师园新剑铺内专门开设的陨石剑展厅，以张先生的名字命名为“宝林阁”。

“中华神剑”真神奇

“中华神剑”是我所铸宝剑中，最具传奇色彩的一把剑，是天时地利人和铸就的神剑，是祈求风调雨顺、国泰民安，喜迎北京奥运的神剑。

“中华神剑”是为山西晋中的赵先生定制的，赵先生爱好收藏，陨铁收藏是他的最爱，收藏有2吨之余。一次偶然的机会，他看了中央电视台播放我如何打造陨铁剑的专题片《天剑传奇》后，起了要做陨铁剑的念头。经过半年多时间的考虑，他决定用自己珍藏多年的部分陨铁，创作一套具有特别意义的佳作。这套宝剑共4把，第一把捐赠给国家，祈福祖国风调雨顺、国泰民安、繁荣昌盛；第二把自己收藏；第三把赠予好友；第四把以拍卖

方式流传民间。

为了完成心中的愿望，赵先生夫妻两人专门从山西开车来龙泉找我。通过了解交谈，我们确定了铸剑计划，并争取在两年内完成4把剑。陨铁由他提供，其他均由我来完成。

为国家打造镇国宝剑，十分不易，通过反复推敲决定，第一把剑定位为国之重器，取名为“中华神剑”。

经过近半年时间的精心设计制作，“中华神剑”于2008年6月24日出炉，并在古越剑铺举行“迎奥运·中华神剑”出炉仪式。“中华神剑”总长71.3厘米、重2千克、剑柄长13.8厘米。

“中华神剑”在当时也算是一件大作。后来又在北京钓鱼台国宾馆隆重举行发布会，由中央电视台国际频道主持，我以主嘉宾的身份做有关“中华神剑”的详细说明，并接受媒体采访。100多位中外记者参加了发布会，并做了相关报道。“中华神剑”后来捐赠给北京奥组委永久收藏。

“中华神剑”

“中华神剑”出炉

“中华神剑”专家鉴定评估会现场

“中华神剑”专家鉴定评估会在北京钓鱼台国宾馆举行

特制高档剑

俗话说，宝剑赠英雄，红粉赠佳人。历史上，龙泉宝剑向来为帝王将相、文人侠客所青睐。我有幸独立或参与为国内外高层、社会名流特制高档宝剑，彼此间因剑结缘。但是，有一些信息不便公之于众，这里选取其中几位代表性人物的铸剑故事分享给大家。

特制高档剑是典型的因人而异、量身定制的手艺活，由于定制对象的身份、需求、喜好等各方面情况的不同，特制高档剑尤其考验铸剑师的综合技能和创新能力。

(一) 兰剑

湖南长沙的李先生曾两次来龙泉考察调研。他对龙泉宝剑、龙泉青瓷情有独钟，对龙泉“两宝”给予极高的评价，并为龙泉宝剑题词:“玄天闪电”。

本着对中华民族传统手工艺的关心和挚爱，以及面对如何做好传承平台这个问题，2009 年，李先生要求将自己画的“梅、兰、竹、菊”图案分别刻在 4 把龙泉宝剑上，将国画与铸剑两种中华传统艺术结合在一起传承。

龙泉市里接到任务后，主管部门将任务落实到我和其他 3 位铸剑师身上，要求我们 4 人分别锻制“梅、兰、竹、菊” 4 把剑，其中兰剑由我铸造。

接到任务后，我们全力以赴，精益求精，顺利地完成了任务。2010 年 4 月，“梅、兰、竹、菊” 4 把剑顺利出炉送往北京，得到李先生的高度评价。在征得他本人同意后，按照原版我们又制作了一套“梅、兰、竹、菊”剑供龙泉宝剑博物馆收藏，成为该馆馆藏的珍品。

“梅、兰、竹、菊”剑剑身均为长 66 厘米、柄长 23 厘米，剑刃寒光逼人、锋利无比，剑鞘以紫檀木制成，外饰铜件上的“梅、兰、竹、菊”图案惟妙惟肖、栩栩如生，将李先生的手迹体现得淋漓尽致。

兰 剑

(二)玄铁剑

金庸，原名查良镛，著名作家、一代武侠小说大师。他的15部武侠小说，备受海内外广大读者喜爱，拍摄成影视作品后更是广为传播。一些作品中有许多对剑的描写，例如，《倚天屠龙记》中的倚天剑、白虹剑，《神雕侠侣》中的玄铁剑、君子剑、淑女剑，《书剑恩仇录》中的白龙剑、凝碧剑，《碧血剑》中的金蛇剑，等等，无不给人们留下深刻的印象。

作者(左)与金庸先生一起观赏交流玄铁剑

为进一步挖掘、弘扬宝剑文化，扩大龙泉宝剑的知名度、影响力，2004年，龙泉市委、市政府邀请金庸先生访问龙泉，发动铸剑师们依照金庸先生小说中的描写和意境，铸造他笔下的24把剑和7把刀。由于当年我以全陨铁成功铸造出“中国第一把陨铁剑”，金庸笔下的“玄铁剑”也是用陨铁做的，所以24把剑中的“玄铁剑”由我来打造。

根据小说描写，“玄铁剑”是一把威力无比、非常之重的宝剑，形体上不同的是“重剑无锋、大巧不工”，据说只能用天外之物——陨铁铸造，才能体现无比威力、惩恶扬善的效果。

我反复阅读小说中关于玄铁剑的详细描绘和用意，最终将设计制作定调为重意不重形，即在技艺上、内涵上下功夫，而不是突出外形和重量。“玄铁剑”铸成后全长88厘米、刃长60厘米、柄长18厘米，重量约4斤，采用全陨铁打造，有效保留原真成分，充分体现“天外之物”的神奇。

同年10月25日，金庸先生莅临龙泉，出席“龙泉问剑”活动。市委、市政府在杏园隆重举行赠剑仪式，将铸剑师们精心制作的24把剑和7把刀赠予金庸先生。这些刀剑现已被浙江大学收藏。

(三) 天马行云剑

2014年春，太极禅苑的陈伟建先生经朋友推荐，向我定制了一把汉剑。陈先生酷爱宝剑，在他心目中剑是男子汉阳刚的象征。所以，我也特别用心为他制作这把汉剑。

正值陈先生得剑之时，恰巧被在商界有所建树的马先生碰上，他看到这把汉剑后十分喜欢，爱不释手。陈先生明白马先生的意思，委婉地说：“马先生，这把剑已经刻上我的名字了。”马先生接着说：“我不管，拿我的换你的。”陈先生万万没有想到，马先生竟然会如此钟爱这把汉剑。

正是出于这样的缘由，陈伟建先生决定邀请我为马先生特别铸造一把宝剑，我因此得到了给马先生做剑的机会。

其实马先生特别喜欢武侠小说，书中那些武艺高强、仗剑行侠、快意恩仇、笑傲江湖的英雄形象，早已在他心中留下深刻的印象。因此，他给自己定制的宝剑取名“天马行云剑”。

说实话，为马先生这样的商界人士铸剑我心里还真感到压力不小，为此，我脑子里一直想着如何定位这把剑，该怎样体现主题思想、设计理念以及创意元素运用等问题。

通过近一个月的时间，我对马先生做了系统的了解，从他的出生地、最初创业的艰难到后来事业取得的成功。明确了创业精神、创新思想是天马行云剑的核心主题，于是有了“落地唱书破空而来，西子湖畔再演绝响。梦想如九天之云，其性阳，其德金；坚持如千里之马，其性阴，其德水。刚柔并济而剑成，阴阳相合天下平”的创意。我从实用与精神内涵两方面入手，除了应手的使用功能外，突出马先生从一个普通人成长为社会精英的历程。

结合《易经》学说，天马行云剑剑体总长 112 厘米，寓意富贵；剑刃 82 厘米，寓意财旺登科；后幅宽 3. 6 厘米，寓意登科；前幅宽 2. 6 厘米，寓意财旺；柄长 25 厘米，寓意富贵。

天马行云剑选用龙泉本地毛铁、碳钢、金黄铜、紫檀木等名贵材料，经磨、雕、嵌、镶等

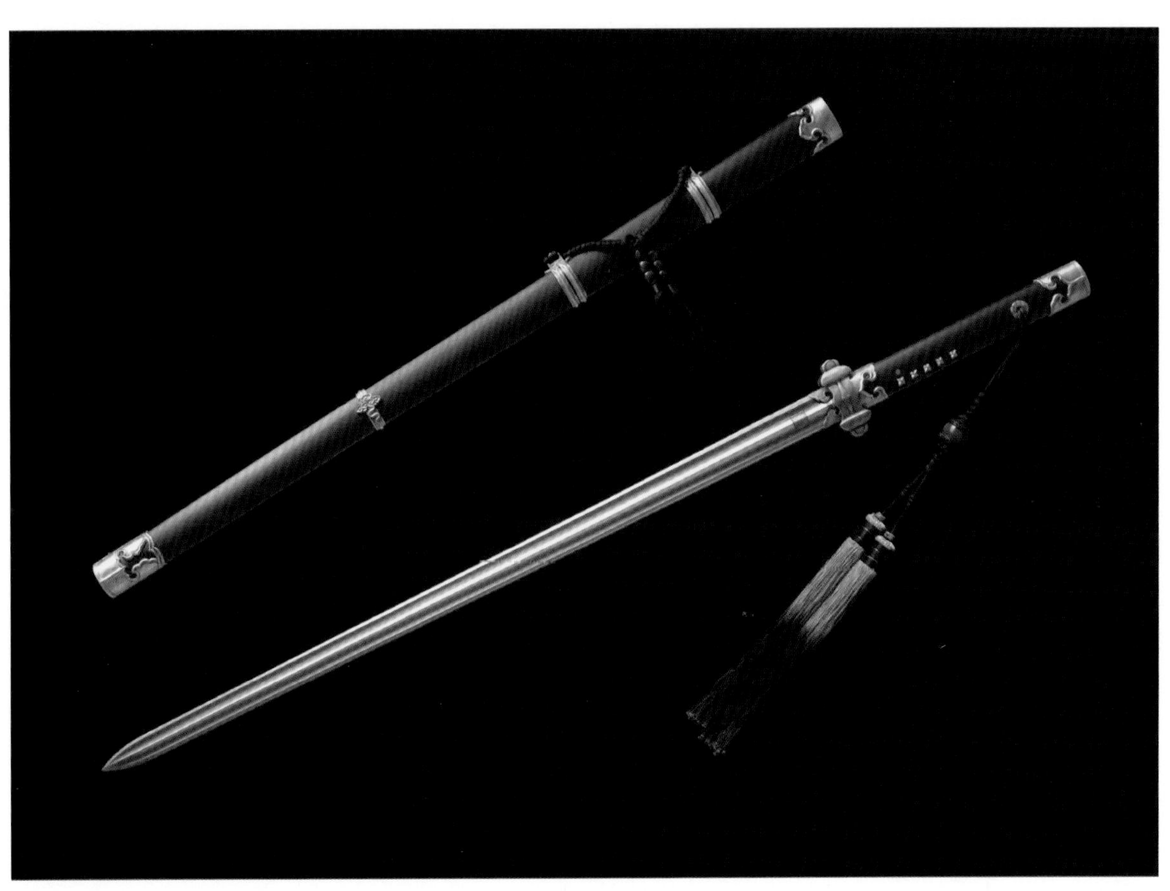

天马行云剑

百余道手工工序炼就而成。剑刃性能坚韧锋利，刚柔相济，肌理花纹，精美至致。

（四）少林剑

2006年的一天，我接到河南钱大梁先生的电话，他说，3天后来龙泉找我。3天后的傍晚，钱先生果真千里迢迢来到龙泉。

钱先生是经人推荐特意来龙泉找我的，目的是要做3把少林剑，作为少林寺武僧团出访英国、美国和新加坡三国的馈赠礼品。

少林武功名扬天下、威震四海。钱先生告诉我，少林寺武僧团出访的首站是参加英国女王伊丽莎白二世的生日庆典。受邀参加庆典的外国团体只有两家，中国少林寺武僧团是其中之一。

钱大梁先生是少林寺下属文化运营公司的总经理，负责操办少林寺外出活动相关事务。这次活动规格甚高，作为少林寺赠送的宝剑自然就显得尤为重要。所以钱先生亲赴龙泉对接落实，同时邀请我前往河南少林寺面见方丈。

我去那天，方丈正好在登封市区办事，就安排在登封宾馆贵宾厅见面。钱大梁先生向方丈介绍了我的情况后，我和方丈施礼、握手，就在握手的刹那间，彼此都感受到了对方的力道，两人相视而笑、心照不宣。方丈还非常仔细地看了看我的手，然后说：“真是个做剑的人！”

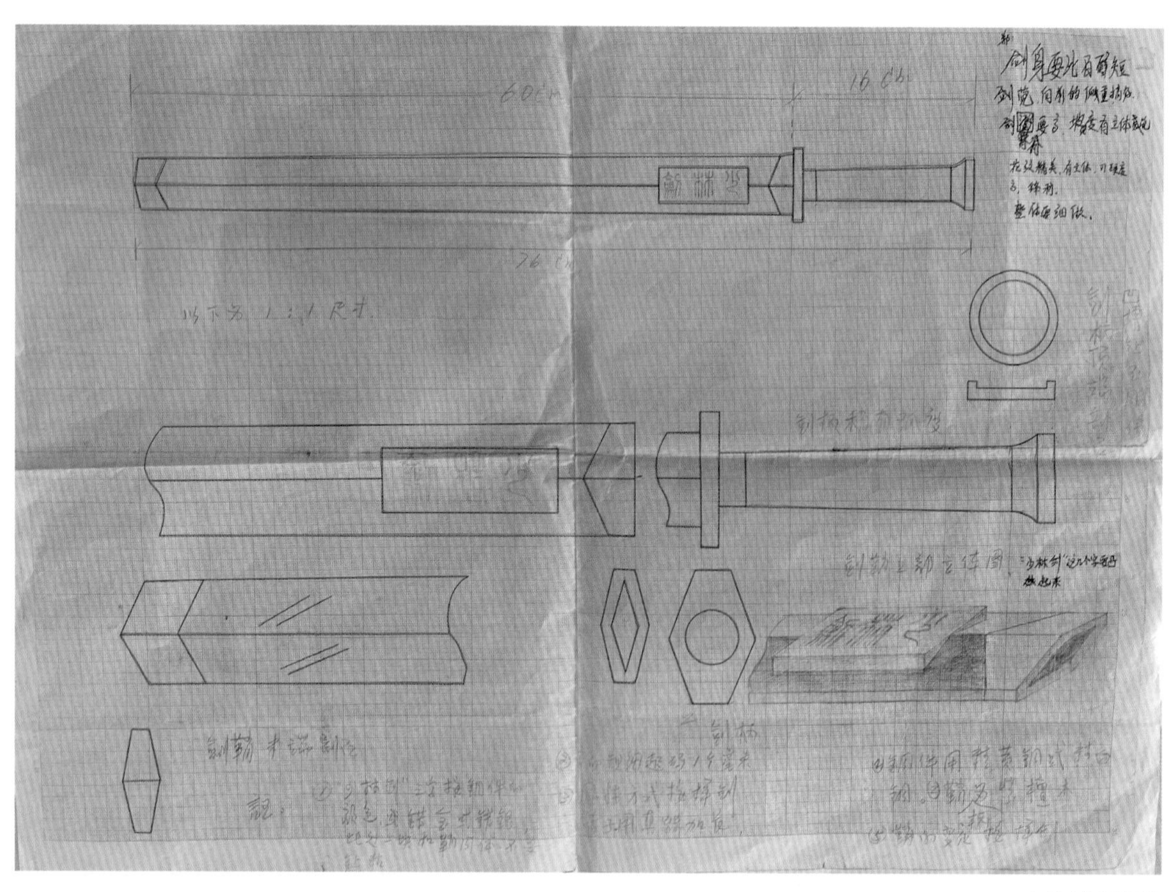

少林剑（图纸）

接着，方丈详细说明了定制3把少林剑的缘由及用途，并问我有什么难处。我说："没有问题，保证如期完成。"

少林寺在中国佛教史上占有重要地位，被誉为"天下第一名刹"，少林寺又是中国功夫的发源地，如何才能让3把礼品剑充分体现少林寺厚重的历史文化积淀和在佛教界、武术界显赫的地位？通过3个月的精心设计、制作，我如期完成了方丈交给的任务。

3把少林剑主要体现少林武功、武德的尚武精神，造型简洁，古朴大方，均为总长78厘米、刃长60厘米、柄长18厘米。

据钱大梁先生反馈，方丈对少林剑非常满意，认为少林剑的设计理念与少林寺的文化背景高度吻合，制作工艺精致考究。

（五）汉剑

那是2006年5月的一天，接到电话，说是一位外地来的客人有事要找我，请我在剑铺等候。当天下午，曹玉玺先生来到了我的古越剑铺。

我们边喝着茶边交谈，曹玉玺先生解开用纸包裹着的一把剑，并递到我眼前，让我仔细看看这把剑的年代和价值。我认真仔细地看了两遍，凭借自己的经验，比较笼统地回答："好东西""还好"。

曹玉玺先生认为我并没有讲真话，他接着说："怎么个好法？没关系，好坏我都能接受的。千里迢迢来到这里就是想请你为我看个明白。"于是，我就直言不讳地从三个方面给曹先生做了讲解：第一，从剑刃上可以看出剑身的材料属于手工锻造的百炼钢，比较好；第二，铸剑的时间不会超过30年，主要表现在做工上，有明显的砂轮痕迹，使用砂轮时间可判断年限长短；第三，从制作者的手艺判断是仿造品。曹先生听了不但没有不高兴，反而夸奖我很专业。

原来，曹玉玺先生让我看的这把剑与他的朋友陈先生有关。据曹先生说，陈先生爱好刀剑收藏，有从侵华日军手上缴获的武士刀、指挥刀，阿拉伯弯刀、高加索刀，还有藏刀等。

为了进一步确认这把剑的真实年代，陈先生曾让人专门送到北京故宫博物院请专家鉴定。结果专家给出的结论是"不是古剑"，但又说不出具体的理由。为了得到一个满意的答复，就来到了宝剑之乡龙泉。我凭借自己多年的实践经验，如实讲出了"古剑"的真相，让曹先生深感信服。曹先生回去将情况汇报后，陈先生听了非常高兴，并向我发出去兰州的邀请。

当年12月，我专程去兰州拜见了陈先生。陈先生非常热情地接待了我，他讲了许多刀剑的故事，还拿来一些刀剑让我鉴赏。我也对他讲了许多刀剑技艺方面的知识。他认为我讲得既专业又通俗，听了之后受益匪浅，于是决定让我为他打造一把汉剑。

我为陈先生打造的这把汉剑全长112厘米，刃长82厘米，柄长26厘米；剑刃材质：手锻花纹钢；工艺：百炼法锻制，覆土烧刃，传统研，八面形制结构；鞘质：黑檀木；配饰装具：铜质地，手工雕琢。

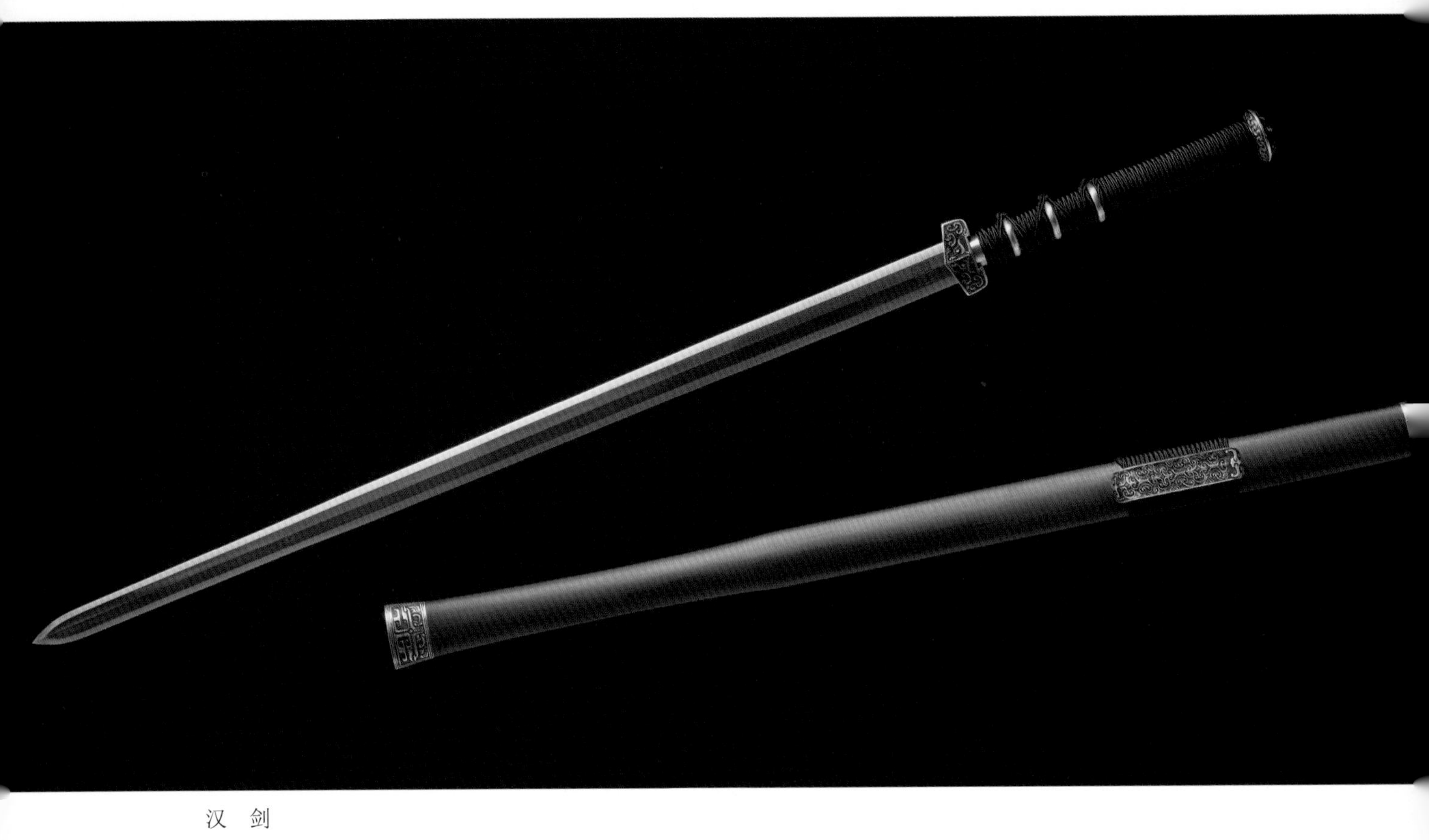

汉 剑

（六）长锋剑

2016年的一天，在杭州工作的龙泉人齐先生受人委托，风尘仆仆赶到龙泉，请我为他制作两把宝剑，并告诉我对方一再嘱咐，这两把剑是赠送给李连杰先生的，一定要找手艺精湛的铸剑师做。通过交谈，我明白了齐先生做剑的用意。

李连杰，著名武打影星，代表作有《少林寺》《英雄》等。20世纪80年代初，我在龙泉宝剑厂工作期间，李连杰和《少林寺》中饰演王仁则的演员于承惠等人曾到厂里定制宝剑，我与他们有过短暂接触。

李连杰先生将力量与美感结合在一起，从而造就了力量、速度、柔韧三者有机融于一体的武术美感；他的武术动作柔中带刚、敏捷漂亮，一招一式华美如舞，内含丰富的中华武学精髓。这就说明供李连杰先生所用的刀剑无论在工艺质量、使用手感等方面都很有讲究，给他做剑各方面都必须拿捏得十分到位。为了做好这两把剑，我也是做了相当一番的功课。

长锋剑选用龙泉当地的毛铁和高锰钢，经手工千锤百炼，使其刚柔并济，不易折断，坚韧锋利，肌理花纹达万余层，精美绝伦。剑鞘选用黑檀木，古朴典雅，更显名贵。剑形定为长锋，当起舞时更能体现威猛和力量。

长锋剑

对外交流

我曾3次出国考察交流，从而开阔了视野，增长了见识。

2009年5月，正值樱花盛开时节，我有幸参加龙泉市政府组织的文化交流考察团，出访日本与韩国。我们一行6人，宝剑行业就我与陈阿金师傅。到达日本后，我与陈阿金师傅着重进行刀剑文化交流。期间，日本刀剑协会的柳田先生接待了我们，并与我们面对面地交流和切磋技艺。一番交流下来，我的收获主要有三点：一是可以站在世界的高度看刀剑的发展；二是通过交流发现中日两国在刀剑发展上是同根同源的，只是在近代出现了一定的差距；三是日本刀剑有1000多年的历史，而我们已经有2500多年的历史，如果在细节和加工技艺上有所提高，追上甚至是超越应该是没问题的。

作者（左）在韩国考察交流

2018 年 5 月，我和龙泉市宝剑行业协会组织的刀剑行业代表团远赴德国，参加 2018 年德国索林根刀剑展。该展云集了全球 100 多个国家和地区的知名商家，集中展示了当今世界领先的刀剑工艺及相关材料。索林根与龙泉一样，有着制作古兵器的悠久历史。但是随着时代的变迁，除制作少量的古兵器用于礼品、观赏品外，还把传统技艺运用到日用品生产当中来，取得了较好的经济效益和社会效益。比如“双力人”品牌等日用品，质量领先世界，颇受市场欢迎。

作者（右五）在德国考察交流

2019 年 5 月，我跟随浙江省工艺美术行业协会工艺交流访问团出访日本。这次访问历时 7 天，参观访问了大阪、京都、奈良三个城市的著名历史景点并进行了技艺交流。

京都岗山的中岛象嵌株式会社，是日本唯一被国家指定生产国器镶嵌的名社，有着几代人的传承历史。在传承人的演示和指导下，访问团成员可以亲手制作一份装饰品。通过体验，使我对镶金贴金工艺有了初步认识，对于今后在宝剑制作工艺上也有一定的启发。

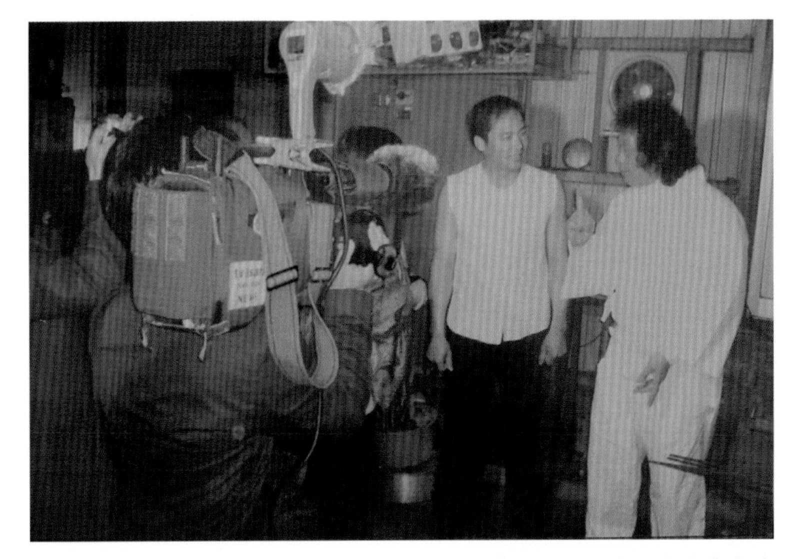
作者(右二)在日本考察交流

到了京都古镇,最令我印象深刻的还是环境,家家户户都开着小店铺,每户人家把小环境布置和绿化与大环境有机结合起来,给人非常舒服的感觉。

世界遗产金阁寺(鹿苑寺)的门票是一张白色的御守符,感觉很有特色。他们把传统文化符号运用于现代社会,既体现了怀旧之情又展现了历史文化。

这次出国考察与交流,不仅欣赏到异国风情和美丽景观,而且思想和内心受到的触动也很大。

肆 技艺篇

欧冶子为何流芳百世？『龙渊』『泰阿』『工布』为何永载史册？答案不外乎『匠心』二字。

国家级非遗『龙泉宝剑锻制技艺』如何发扬光大？我们责无旁贷，重任在肩。

心存敬畏、传承技艺，面向未来、推陈出新。在40多年的铸剑生涯中，我不倦思考、不停探索、不断总结，在宝剑锻制技艺上精研细磨，谋求突破，追求特色，作品强调古与今、神与形、雅与俗的和谐统一，在纯正血统与现代审美融合中独辟蹊径。

精益求精追求极致是匠心，一辈子只做一件事是匠心，与时俱进守正创新是匠心。永葆匠心，方能不负先贤，才会行稳致远！

剑气纵横、侠义高士的复杂概念与含括朝野的伦理暗示，已经使宝剑远远超越了其本身为“物”的价值，剑器的制作也不仅仅是手工艺传统的延续，随着时代更迭和时间累积，而成为工艺的最高境界：为大师者方能铸成名剑。此时，我们的思绪已经上溯到湛卢、干将、莫邪、工布等龙泉诸多名剑谱系……

龙泉宝剑的制造过程非常复杂，大体可分为剑身锻制、剑鞘制作和外饰制作三大部分。就剑身制作来说，从原料到成品，就需经过锻、铲、锉、刻、淬、磨等28道主要工序，每道工序中又涵盖10余道小工序。如果对上等品不惜言辞、详加分析，工序竟有上百之余。这不仅是历代铸剑匠人在长期实践中不断探索的结果，更是现代铸剑师对古代技艺的传承和创新追求。

剑的基本结构及各部分名称如下图所示，不再详述。介绍龙泉宝剑制作工艺中所需要的工具倒是值得一提。龙泉宝剑在锻制过程中涉及多种工具，依据制造流程，可分为剑身锻制工具、剑鞘制作工具以及外饰制作工具等。为方便理解，工具介绍分置于各制造环节中。

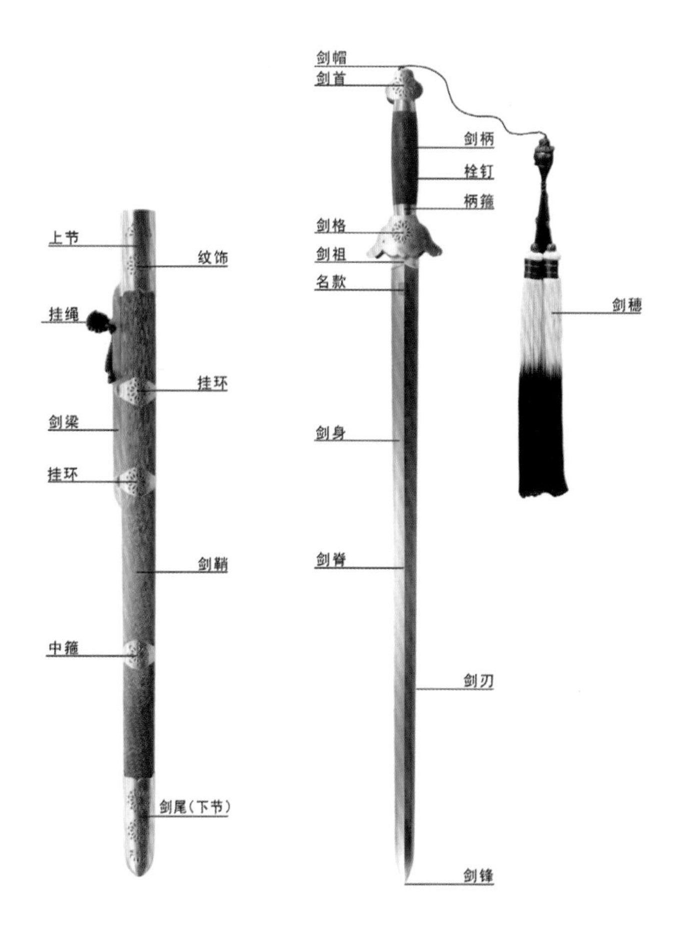

剑的基本结构

锻工（剑身锻制）

（一）工具

对于一把剑来说，剑身是主体，剑身锻制也最为重要，从整剑工艺水准和技术难度而言都是最高的，需要的工具有以下几种。

火炉：通常需造一个横卧式的炼炉用作炼坯或淬火，多为砖块及耐火泥砌成，亦可用淬火。炉膛较深，1 米左右为多，以利于剑条烧炼。

火 炉

风箱：火炉旁设有木风箱，现在一般由电动鼓风机代替。木风箱有长方体和圆筒状两种，前者由木板拼成；后者由椴木镂空而成，密封性更佳。

风 箱

铁墩：锻打用器具，主要用于炼坯，有热砧和冷砧之分。热砧为凸面，冷砧为平面。

铁 墩

羊角墩

铁锤：按大小及用途不同分为大锤和小锤（又称手锤）。

铁　锤

刻字墩：主要用于雕刻文字和图案，墩的高低与大小根据个人使用舒适度而定。

刻字墩

剑身锻制的工具还有铲、锉、削刀、铗钳、炭筛、炭勺、桨炭桶、钻头、花头钻、小炭锨等，供热处理时用的淬火水桶或木盆，用于磨剑的各种磨石、磨石台等。

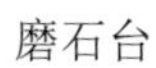

磨石台

(二) 工序

剑身锻制主要工序分为选料、筛料、配料、百炼、拆叠锻打、夹钢、拉条、打形、冷锻、铲、锉、镂刻、鎏铜、打磨、淬火、回火、整剑、磨剑等。

选料：选择好原料是铸造宝剑的先决条件。过去由于冶炼及采矿技术落后，铸剑材料主要以当地的露天铁砂为主。现今科技发达，用料也发生了变化，材料种类繁多。选择合适的材料是做出好的刀剑作品的首要一步。

铁砂（铁英）

筛料：在龙泉宝剑制作工艺中，筛料颇为重要，与宝剑质量息息相关。人们往往认为选料和筛料是一样的，没有筛料的必要，其实不然。《考工记》中记载：“天有时，地有气，材有美，工有巧，合此四者，可以为良。”材料的精挑细选必在工巧之前，此言正是说明了这一点。

配料：在制剑的过程中，选料与筛料是基础工作。在选对与筛好料的基础上，按一定的比例进行搭配，才可达到坚韧锋利的最佳效果。

配比的正确与否直接决定着一把宝剑性能的好坏。一把好的宝剑通常要经过无数次的炉火烧熔拆叠锻打，各种材料的比例会在锻冶过程中损耗，所以必须做到心中有数；否则会出现脱炭过度或含炭过高等情况，导致品质低劣。例如，铁砂的冶炼，先将选好的铁砂清洗干净，再将铁砂与木炭层叠交替平铺于炼炉中，配比为两畚箕杂木炭配一畚箕松

炒 钢

木炭，每一层铁砂与木炭约 40 斤左右，如此反复填满一炉，为三四百斤。待鼓风加温至约 1500 摄氏度，铁水顺炉口流到地面泥盘，成不规则的饼状，俗称生盘（亦称沙盘），生盘厚度约 5 厘米。

百炼：又称揉炼或锻打，将最初的坯料（毛铁、炒铁）通过千锤百炼反复折叠锻打后得到合格坯料的过程叫百炼，得到的铁也叫百炼铁，或熟铁。

这道工序对整剑来说是个很重要的环节，技术难度大，工艺水准高。过去一般是将毛

百 炼

铁块单种经过反复折叠锻打成纯铁，将其在黏合的同时排出杂质，得到纯而韧的精铁。由于过去的铁砂等材料含杂质高，必须通过百炼才能得到精料。而现代则是将优质铁（纯铁）与优质钢混合冶炼，取得千姿百态、变化无穷的肌理花纹以做出精美的刀剑作品。基本操作过程是在火炉中高温烧熔至 1350 ～ 1500 摄氏度，此时块料有细小火星闪烁，然后将块料用火钳夹出放在热钻上快速轻打使其逐渐黏合起来。反复多次，直到合适为止。过去皮铁、芯铁、刃钢都须经过百炼，炼法一样，根据不同的用途需要在炼的次数上略有加减，如层数多少、含碳量高低。在折叠锻打过程中，也因每位师傅的手法习惯（锤法）不同，会出现不同的纹理。技艺高超的师傅可以根据宝剑的设计要求，得到比较理想的花纹形态，使其更富有艺术性。

一般钢铁刀剑剑身结构制作方法分为包钢、灌钢、夹钢和全钢四种。这四种工艺结构的基础技术是烊火。要掌握四种结构的方法不是一件简单的事，一般来说快则一到两年，慢则三到四年，甚至更长时间。在每次制作包钢、灌钢、夹钢和全钢时，要注意炉膛通风情况、木炭的湿干度、火候的高与低、锤法的轻重与快慢等细节，总之要做到相互配合。

烊火：将炼好的皮铁、芯铁、刃钢在火炉中进行黏合，烊成可使用的坯条，行话称为“烊

毛铁（炒铁）

浆 炭

火”。烊火也同样适用于各种坯料的炼法。

包钢：剑身芯铁为软铁、外面包黏上含碳量较高的刃口钢，以起到内柔外刚的作用，既锋利坚韧又不易使剑身在使用过程中断裂。

灌钢：把一种含碳量高的生铁块和柔铁片捆在一起，使生铁熔化渗淋到熟铁中去，得到内柔外刚的性能效果。具体操作是用泥浆封住入炉烊火黏合，或者把生铁放在熟铁片上面用草木灰覆盖其上，泥浆底下烘炉鼓风，到一定温度时生铁熔化渗淋熟铁之中两铁相合。

夹钢：坯体以柔铁为主体，中间夹钢或刃口嵌钢放在炉中加热，适时取出，轻锤快打，

烊 火

将其镶黏起来，使其达到中间柔两边刚的效果。

全钢：坯的整体为含碳量较高的纯钢，既不要包钢也不要夹钢灌钢，通过加热锻打，然后热处理淬火，便可得到既锋利又坚韧的效果。但是淬剂一定要选油剂，不能用水剂。

拉条：将锻炼好的坯料根据要求，按重量、尺寸规格锻打成相应的条子，主要的方法有手锻拉条和机锻拉条两种。

打形：也称打坯。刀剑的形状是多种多样的，大多是在基本条形上通过手工锻出所需要的形状。剑的造型一般有四面、

嵌 钢

六面、八面、瓦楞形等。机锻的方法不够灵活，比较呆板，更适合量产形制。而手工锻制灵活多变，适用于量少、个性化的形制。手工打坯的优点还有变形比较灵活，能增加晶体密度，能提高一定的韧性。

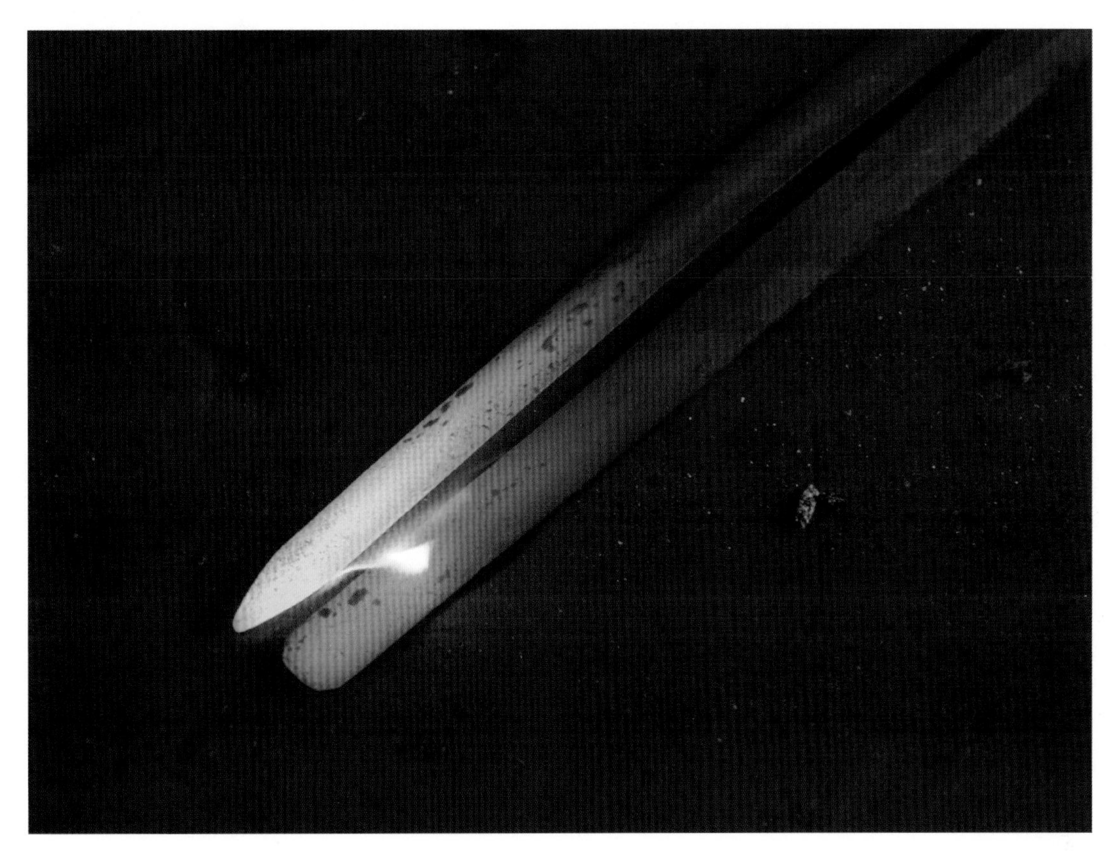

退 火

冷锻：成形坯体在不加温情况下，用适当力度进行平锻。其作用有两点：一是通过平锤冷锻增加钢铁的晶体密度，增强韧性；二是通过平锤冷锻能很好整理剑身平面和侧面的平直度，便于后续操作，达到理想的制作效果。冷锻的透彻与否与刀剑韧性增强和抗应力有很大的关系。

铲：用一种钢制铲头对剑面进行铲削，目的是对剑身表面进行削铲处理。这种方法过去使用的比较多，现在大多用砂轮磨砂替代，既省力又省时。砂轮品种比较多，按粒数分为 36 粒、50 粒、60 粒等。

锉：在铲的基础上用钢扁锉进行手工细锉。以前使用较多，现在比较少用，主要起到加强剑面平细的作用，对刀剑刃口找钢很有用处，经过锉后就能很容易看清有无刃钢，特别对要求高的夹钢、嵌钢作品显得非常重要。

冷 锻

找钢：俗话说："好钢用在刀刃上。"这说明一把好的刀剑除了有好的皮铁芯铁外，刃口钢的好与坏、有与无是非常重要的。前面已经说过剑身结构可分为灌钢、全钢、包钢和夹钢。除了全钢外，包钢、夹钢都需要找钢。如果不通过找钢，万一出现"跑钢"（某一段有钢或无钢的现象），致使刃口没有硬度，也就没有锋利度，只有通过找钢才能完全清楚刃上有无钢。所以对包钢和夹钢来说，找钢也是很重要的一步。

砂 剑

凿刻：剑身锻制中的一道錾刻工序，主要是对剑身和柄

锉

削

凿刻图文

鎏 铜

径上的一些图案、文字、名款进行凿刻，是制剑匠人必须要掌握的技艺。比如，在剑柄上刻铸剑人的名字、制作年月或一些吉祥祝词、龙凤呈祥等体现美好的图案，都需要凿刻来完成。学会这一技艺一般需一年左右时间才能掌握，技巧在于刻苦多练、熟能生巧。

鎏铜：在剑身上运用一种传统的镶嵌工艺，将铜经过火炉加温至液态，注入凿好的字或图案中。鎏铜一般分为传统鎏法和现代气焊鎏法两种。传统鎏法技术难度大较难掌握，主要材料和工具有铁钳、火炉、小型风箱、硼砂、木炭、焊药等。木炭的干湿度以及量的多少直接影响鎏铜质量，所以在操作过程中要时刻注意细节。现代气焊鎏法简单方便，应用广泛，主要材料是氧气、电石、硼砂，工具是氧气瓶、电石灌、气焊枪，现在大多采用此法。

打磨：对剑坯表面经过砂轮打磨以达到比较规整的剑形。剑形打磨的好坏将直接影响后面的工序，特别是在淬火时对剑身是否会产生变形有很大关系。打磨必须做到两边均匀对称，切不可一边厚一边薄，否则将会在淬火过程中造成极大弯曲变形甚至断裂的结果。

淬火：也称热处理，是决定刀剑使用性能的关键工序。一把刀剑刃口硬度的高低、韧性的强弱，都是通过淬火来实现的。淬火十分讲究相关要素，如对火候的掌控、淬剂的选用、材料型号的了解

打　磨

打　砂

等，都必须做到心中有数，否则达不到预期的效果。下面简述几种常用的淬火方法。

1. 夹钢淬火法

夹钢淬火法相对简便。淬剂选用清水，炉膛要有足够的长度，温度视材料而定。淬入水中后，整剑时一定要经过回火，只有通过回火后的刃口性能才能达到较好的韧性和硬度，否则不但极易蹦口，而且还会断裂。

淬　火

2. 全钢淬油法

全钢淬油法用于剑的主体为全钢制作，选用的钢材型号一般是中碳钢或高碳钢。剑身既不是夹钢，也不是包钢。淬剂只能选用油剂，所以称为全钢淬油法。这种方法的主要特点是剑整体弹性比较好，与清水淬火相比，刃口锋利度略微有点钝。

3. 覆土烧刃法

覆土烧刃法历史悠久，具有工艺性强、美术效果好等特点。此种方法是在包钢或者全钢的情况下进行，主要是让剑身的部分钢面不沾到水形成柔性，沾到水的部分钢面形成刚性，在得到较好艺术效果的同时又能达到很好的使用性能。这种方法很传统，操作工序比较复杂，花费的时间也比较长。具体操作方法是首先搞好裹泥，并搅成糊状，既不能太稀又不能太稠，以好裹为准。一般是在做好基本的形体上，将泥裹上，并除去不需留泥的地方。等自然晾干后，再进行烧红淬入水或油中。淬剂要根据不同的材料而定，不同的材料淬剂温度也不同。裹泥的配方和割泥的方法也要讲究，不同的材料要相应调配泥方、泥土的厚与薄以及入水方式等。总之，要根据不同的材料进行相应的变化和调整。

回火：热处理中的后半部分，比淬火略微简单些，但作用不容忽视，淬火后若不回火，刀剑只能算是一种松脆硬度、不具韧性的硬度。只有通过正确回火达到应有的韧性和硬度，刀剑才能发挥最佳的性能。回火的判断是一闻气味，二看颜色，三点水试。具体说，就是当剑身达到一定的温度时，首先会产生一种气味，然后再呈现出由黄到蓝的颜色，最后用滴水在剑面上看水珠跑走速度快慢来判定回火温度，然后插入水中冷却。

淬　水

整剑：将在锻坯或淬火中发生变化形成的弯度修整到平直。此技法看似简单但又是很深奥的，只有通过对打坯奥妙多领悟才能掌握。整剑通常分为热整、冷整和平整，回火时的整剑为热整，其余的均为冷整。

磨剑：又称磨砺。“宝剑锋从磨砺出”，一把宝剑不但要把它炼好、做好，还要把它磨好。所以说磨剑是一道关键性工序，需要很好掌握。

磨剑具体分为粗磨、细磨、精磨和研磨几个过程。粗磨的基本要求是在砂轮打磨的基础上，把剑的形状磨准，把刃锋开好、剑脊磨直、刃面均匀对称，并按磨石的粗细度依次递进进行粗磨。细磨主要

热 整

热 整

冷　整

是磨去粗磨的痕迹，为精磨做铺垫，并按磨石的粗细度依次递进进行细磨，磨石粗细度在320～2000目。精磨为递减前面细磨痕迹，使研磨更精致，磨石粗细度在2200～5000目。研磨是通过前面多道磨砺后，使剑面达到亮泽细致，再经研磨片在剑面及刃上细细研磨后，直至剑身金相自然显露，形成纹饰巧致、剑气森严的感觉。

磨 剑

在数道的磨砺中无论从磨法技巧、磨石材料的选用都十分讲究，依剑身材质不同应选用不同磨石质地、粗细，因质而宜，方能出奇效果。但真正要磨出好剑首先磨剑师要有非常好的心境，有一颗平静的心，心态急躁的人是磨不了剑的。磨剑是一门实在活，容不得半点偷懒，唯有努力加技巧，才可出效果。其次也需要时间磨炼，没有通过长时间的磨炼，是很难磨出好的剑来，“十年磨一剑”就说明了这一点。

细 磨

木工(剑鞘制作)

木工是宝剑整体工艺制作的第二大部分。将剑身配上合适的外鞘、握把,便于使用、携带、存放以及运输等工序,统称木工。木工的主要工具有斧、锯台、手锯、凿、刨(包括十几种专业刨)、钢丝锯、木锉、砂带机、木料烘干机等。

木工工具

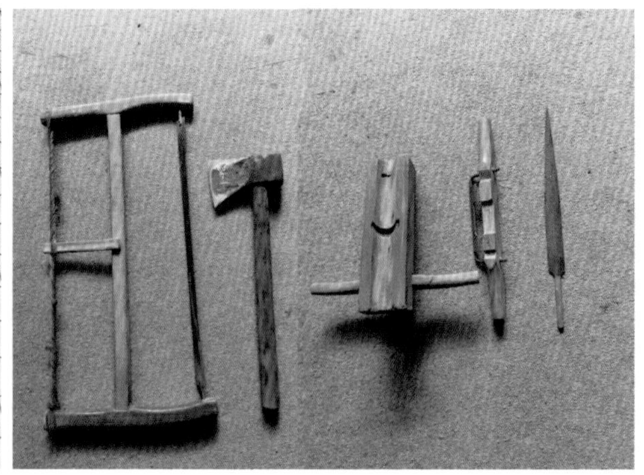
木工工具

木工从开始到完工有十几道工序,包括选料、干燥、开片、凿槽、样剑、粘胶、扎绳、自然干胶、刨取外形、配柄、打砂、抛光、打蜡等工序。

选料时首先考虑木料的酸碱性是否对剑身会产生锈蚀,选取合适的木料,进行烘干。木料干燥通常有两种方法,即烘干机烘干和自然干燥。然后对木料进行开片、开槽、样剑,应注意剑鞘与剑身之间的间隙,保持在1毫米左右,以保持剑身抽拉自如,不至于过紧或过松。如果选用材质较硬的木料,可在剑鞘内里垫上软木薄片,这样能起到松紧与保护的作用。待内槽与剑身试好后,进行胶合,将两片开好槽的木料上胶用绳子缠绕固定。待胶干透,再将黏合牢固的剑鞘根据设计样稿进行刨削、修整、打磨,直到剑鞘表面细密光滑。剑鞘的制作不仅要求剑鞘的外形尺寸达到标准,还要求剑格和鞘口相互吻合,当剑身入鞘到底时不能过松或过紧。

剑鞘用料一般分为杂木油漆、杂木包鱼皮、杂木包皮和原木等。

古时候鞘料大多以普通杂木或以实木绘画、油大漆或软木包鲛鱼皮、兽皮等。龙泉最初用的是本地产的黄质花梨木和黑质花梨木,这两种木材质地细密,花纹细腻美观,硬度强、油性足,可与海南黄花梨相媲美。现在剑鞘用料也积极向外拓展,大力引用进口木材,比如鸡翅木、黑檀、血檀、紫檀、酸枝等木材。

开　片

凿　槽

样　剑

鲛鱼皮

螺旋粘胶法

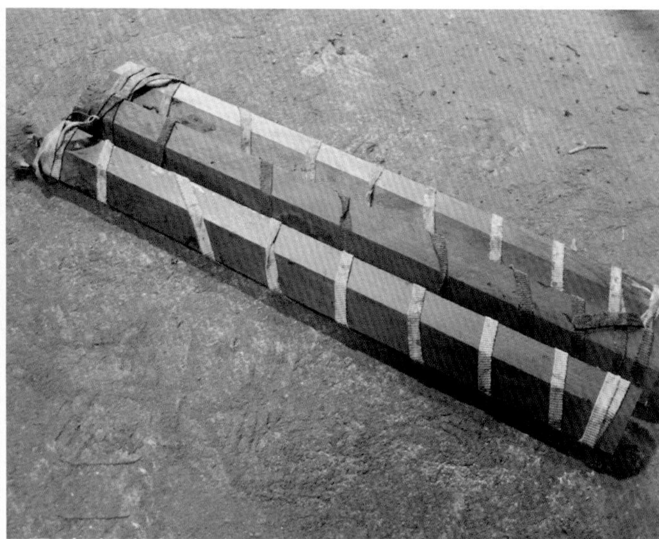
扎绳粘胶法

铜工(外饰制作)

铜工，也称外饰制作，属于宝剑锻制技艺的第三大部分，是宝剑风格的重要表现形式，也是体现宝剑工艺价值和赋予文化内涵的重要内容之一。因此，铜工的作用也至关重要。

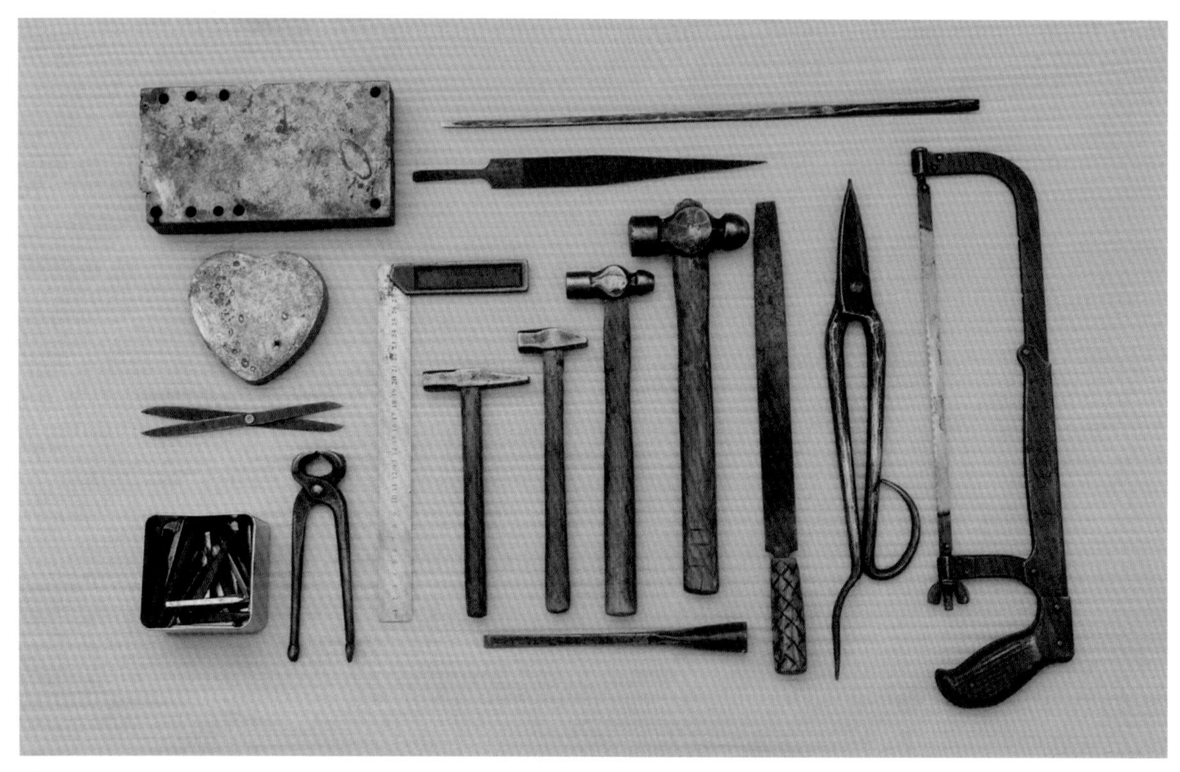
铜工工具

配　件

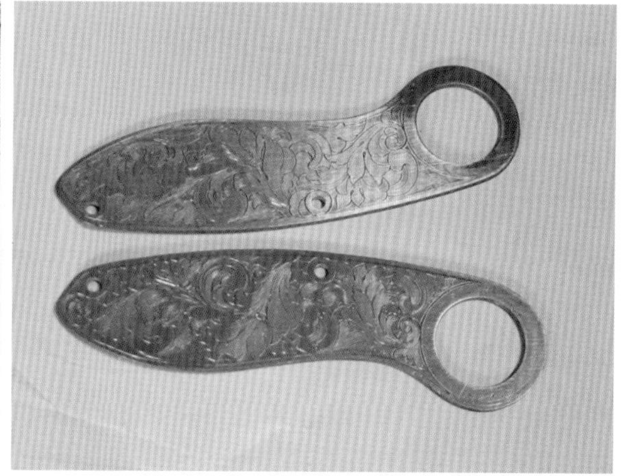
线雕法

铜工中，用于外饰的材料比较多，常用的有金、银、铜、铁、锌、玉等。金银材料由于比较贵重，采用的相对少一些。铜和铁价格经济实惠，用得比较多。其中，铜因容易保存、使用性能好等特点广受欢迎。铁装具虽说使用性能和工艺价值比较高，但容易生锈腐烂，有一定的局限性。锌合金材料是现代工业化的产品，工艺价值和使用性能都很普通，产品档次不高，适合量化生产的工艺品。玉装具由于资源稀缺，价格相对昂贵，使用得较少。

铜工的工艺包括金工、雕工、化工、钳工等综合性技艺，是提升宝剑艺术价值的重要技艺，素来为铸剑师们所重视。

铜工的主要工艺流程大致分为落料、花式、踏平、样鞘、焊接、再踏平、打磨、配剑祖、锉角、样剑、打孔、制梁、焊接、细砂、抛光、修整擦面、装剑。

打　磨

配剑祖

落料：当剑身配鞘后并根据剑鞘的外围尺寸大小、长短裁剪所需材料统称落料。比如，对铜皮、银皮、铁皮、蛇皮、鲛鱼皮以及铜板的裁剪等。

花式：外饰表面的花式品种，按宝剑的工艺技法大体分为素装、錾刻、浮雕和镂空雕刻等。如何选用花式，应该根据剑的具体要求而定。

1. 素装

素装指在装具表面上不刻任何纹饰，以平面为主，常以合适边线体现风格。这样的风格强调的是线条美，往往为艺术涵养高又喜欢简洁群体所喜好；但表现手法相对较难，技术要求高。

2. 錾刻

錾刻是用錾子把装饰图案錾刻在金属表面，通过敲打使金属表面呈现凹陷和凸起，表现出各种图案和花纹纹样。此法表现形式直白，一目了然，掌握的技巧在于多加练习。

手工錾刻

錾刻台

3. 浮雕

浮雕有浅浮雕与高浮雕之分。浅浮雕属于平面雕刻，所刻图案和花纹浅浅地凸出底面，但有明显的层次感。高浮雕又称深浮雕，介于圆雕和平面雕之间，属于半立体雕刻形式，其所刻图案和花纹凸出底面，具有较强的空间感。浅浮雕与高浮雕的操作技艺有所不同：浅浮雕主要是刻绘，对勾线要求严谨，常通过

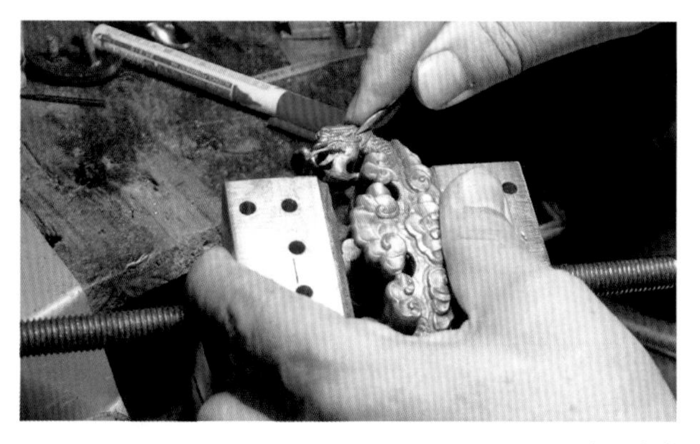

手工浮雕

线、面结合的方式来增强立体感；高浮雕的操作程序还包括凿粗坯修光、细饰等。浮雕技法要求较高，要有一定的美术功底。

4. 镂空雕刻

凿刻龙凤

凿 花

镂空雕刻是指以立体形式用镂空的方法进行雕刻，使每个器物体现出动态感和立体感。这种工艺难度大，不但要有娴熟技艺，更要有扎实的美术功底。

踏平：外饰里的基础手工工艺，通过踏平来达到平整。其主要作用是使面平边直而服帖，否则体现不出工艺效果。此法的使用工具是光面平墩和平锤。在踏平过程中锤的用力程度要因材适度，依材落力，而且两个锤面都必须光滑无痕。

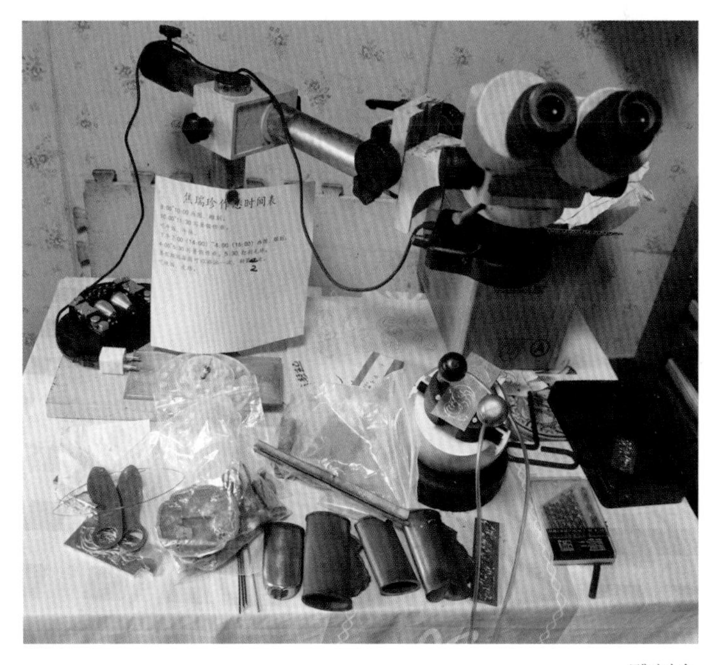

雕刻台

样鞘：将制成的饰件进行试装，按所定部位、尺寸进行复位装配，不合位的再次进行修改，直至恰到好处。饰件与剑鞘要松紧合适、牢固、美观，鞘内鞘口与剑身不晃动。

焊接：主要有土炉焊接和乙炔焊接（也称气焊）两种常用方法。在20世纪70年代，以土炉焊接为主，所以当时做铜饰（外饰）的学徒工都必须学会。乙炔焊接在工业化生产中广泛使用后在宝剑外饰工艺中也得到迅速推广，现在的焊接大都采用乙炔焊接。

气　焊

打砂、锉角、样剑、打孔、制梁、细砂、抛光、修整擦面等一系列手头工序，不再详述。

装剑：铜工中的最后一道工序。如何把每个部件按要求装配起来成为一把完整的宝剑，有3个具体要求。

（1）检查每个配件是否合格。

（2）剑身插入剑鞘后整剑是否得体，摇晃时剑刃与剑鞘间是否有松动并发出响声。如有，要处理好才算合格。

（3）剑柄和剑身是否成一直线。再次检查剑身是否有划伤的痕迹。若有，一定要重新磨好方可装配，然后用软质干净棉布擦净剑身，将少许的防锈油均匀涂抹在剑身的每个面上，最后放入剑鞘。

修　整

剑的保养

宝剑主要由剑身、外鞘及配饰三个部分组成，大都采用铁、钢、铜、木材等材料，并非不锈、不烂，因此需要保养。宝剑保养要注意以下几点。

（1）不宜存放在潮湿处，更不宜接触酸、碱、盐等物质，避免造成宝剑生锈腐蚀。

（2）在使用欣赏过程中，应尽量避免手摸剑身，以免留下汗迹，锈蚀表面。使用后应用干净软布擦拭剑身，然后涂上防锈油（缝纫机油、变压器油、防锈油均可），保持剑面不锈。

（3）剑身除武术用剑采用不锈钢制作外，一般都由碳质钢材料制作而成，所以容易锈蚀，需要经常护理。2～3个月应用一些干净软布擦净，再涂抹上一层薄薄的防锈油（油中掺些白色凡士林，效果更佳）。

（4）宝剑外鞘一般为木制，因不同地区气候条件不同，时常会出现开裂及收缩现象，可用含有微量油的软布经常擦拭。这样既能保持润泽光洁，又能防止风裂与干缩，增强外观美感。

（5）宝剑外饰装具多为金、银、铜等材料。其中，铜配饰居多，所以应避免与煤气接触，防止配饰腐蚀。

赏剑常识

剑乃利器，欣赏需要具备基本的常识及礼仪，掌握正确的赏剑方法。

（1）握剑：如何正确握好剑，也是有讲究的。通常的握法是左手握住剑鞘7分处，整剑斜成45度角，鞘尾在下，柄首在上，侧靠在左边。平握时要注意握把高于剑鞘，防止剑身向外滑出。

（2）拔剑：拔剑出鞘，一般是左手紧握鞘口处，右手握稳剑柄，左手拇指顶住护手，发力将剑顶出一小截，右手再缓缓将剑抽出鞘外。如果鞘口太紧，左手拇指的力量无法将剑顶出，可将右手靠近护手处，握紧刀柄，双手腕向相反方向发力，就可将剑拔出。切忌用力过猛，一下子把剑拔出，伤到旁人。

（3）赏剑：剑出鞘后，应紧握手柄，刃尖朝上，然后再欣赏其刃身；如想横向欣赏刃身，可用棉布或纸巾垫在另一只手上，托住刃身，并将刃尖指向无人处，再仔细欣赏。

（4）赏饰：赏剑应从外饰开始。外饰是各种艺术作品的表现核心，护手、柄、柄首都是欣赏的要点，在欣赏外饰时，不要将剑刃拔出鞘外，更便于欣赏。

（5）收剑：当欣赏完一把剑时，应用干净的软布或纸巾，擦干净剑身，再涂抹上一层薄

薄的防锈油，保持剑刃不锈，然后再插入剑鞘收剑。

总之，在赏剑时，不要伸手触摸刃身，不要滔滔不绝地讲话。因为刃身一经触摸，容易生锈；再者刃口锋利，容易伤手。不停地讲话，飞沫溅在刃面上，同样也会造成生锈，而且讲话多分心容易造成划落伤害。这两种错误是最容易出现的。

如果要试试挥舞宝剑的感觉，一定要选择合适的场所，同时也要评估自己的力量，因为这属于有风险的动作，并非人人可以尝试。如果是老旧宝剑更应注意，以免因年久蚀损、受力过大而使其松脱、断裂，利刃飞脱，伤及他人。

将宝剑传递他人欣赏时，最好先入鞘。递交时一定要十分小心，切忌将剑锋直接对向他人。最妥的方法是将剑身竖直（刃尖朝上、朝下均可），单手握紧剑柄的一部分，以水平方向递给对方，待对方将空余的柄握牢后，再收手。

本章是根据龙泉宝剑的宗脉，结合本人亲身经历、经验得失而撰写的。虽然谈不上全面完整，但也算是宝剑锻制技艺流程的全程实录。先前学艺的时候，全凭师父心传口述，没有文本知识可供学习，所以难免不同师父、各个门派在技艺和口语表述上有所差异，希望大家在阅读中加以包容和指正。

随着社会的不断发展，学习宝剑锻制技艺的人却越来越少，特别是年轻一代，对这门又累又脏的活普遍兴趣不大。当然，这是另外的话题，但也值得深思。不管怎样，有了这个流程文本，对宝剑锻制技艺的传承总会有所帮助。

一把宝剑从选材到整剑完成是个复杂的过程，虽然基本的流程和一些关键要点已做了说明，但还有一些手头上简单的工序，还需在实际操作过程中加以分析、领悟。

伍 感悟篇

在日复一日、年复一年的铸剑生涯中，我始终怀着一颗敬畏之心、虔诚之心，从事着这份在别人看来既累又脏的活，全然不觉枯燥乏味，反而在不断探索中收获快乐。

铸剑技艺博大精深，宝剑文化积淀丰厚。虽然难识庐山真面目，毅然置身此山中。这些年来，我一边工作，一边对龙泉宝剑的铸造技艺、历史文化、产业发展、市场营销等作了一些思考，并抛砖引玉进行交流探讨。

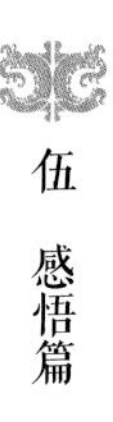

浅谈刀剑刃口的硬度

刀剑随着人类社会文明进步而发展，从最初的青铜刀剑开始，到今天的钢铁刀剑，都印证着各个历史时期的社会状况以及科技进步的成果。过去，刀剑作为兵器而存在；到了现代，刀剑已从最初的实用器具升华到文化艺术的象征。不管是业内还是业外，人们常常谈论有关刀剑的事情，尤其对刀剑刃口的硬度问题的争论更是此起彼伏。本人结合多年铸剑的实践经验，就刀剑刃口的硬度问题谈一点粗浅的看法，作为引玉之砖，请各路高人指正。

一、手工刀剑刃口的硬度以 55～58 摄氏度为最佳

众所周知，中国传统刀剑历来是作为兵器使用，从性能上更强调韧性和硬度的统一，不能偏向单项。比如，硬度过高，在 60 摄氏度以上，在制作上会带来很大的难度，出现收缩性强，变形后矫正不过来而失去美观。在使用过程中，遇到硬物体容易溃口，导致报废。硬度过低，即 40 摄氏度以下，刃口不但没有锋利度，而且极容易卷刃，甚至形状发生弯曲变化。所以硬度控制在 55 ～ 58 摄氏度为最佳，这样，既具备合适的硬度，又具有相应的韧性，以达到刚柔并济的效果。

二、怎样才能达到最佳硬度

要达到最佳硬度一般要注意以下三点。

1. 选料

在制作刀剑之前，要根据要求认真选料，掌握材料的性能和属性，为后面几道工序奠定基础。

2. 淬火（热处理）

淬火（热处理）是处理刀剑刃口硬度的关键一步。要根据不同的材料，选用不同的淬剂：如夹钢的材料可选用水剂，炖钢可选用油剂，高碳钢材料可选用整土烧刃再加油水混淬等，使之达到相应的效果。另外，在淬火中温度的高低与木炭的干湿也有一定关系，要将这些因素综合起来进行分析调整。

3. 回火

回火是刃口真正达到硬度必要的一步。可能有的师傅认为，回火这道工序不那么重要，有回火但只是轻点而过，误认为硬度主要是靠淬火而来。根据冶金的原理，金属体经过淬剂后通过回火才能达到金属体的硬度；如果不回火，只能说是增加脆度。回火的传统方法有看颜色法、闻味以及点水法等。所以，为了使刀剑达到相应的硬度与韧性，在做好淬火的同时，也要做好回火，否则很难达到理想的效果。

（原载于《工艺美术》2010 年第 4 期）

浅说龙泉剑

一、龙泉之名的来历

龙泉因剑得名。据历史记载，春秋战国时期，铸剑大师欧冶子奉命铸造宝剑来到龙泉城外秦溪山下。这里环境幽静，泉水甘寒清冽，用此水淬剑，能增强剑的刚度，是铸剑的好地方。他以当地铁英为材料铸造了“龙渊”“泰阿”“工布”三把宝剑献给楚王，受到重赏。到了唐代因避讳高祖李渊的名字，遂将“龙渊”改称“龙泉”。龙泉亦成为宝剑之代名，从此龙泉宝剑名扬天下。

二、龙泉名剑

历史上有欧冶子、干将二人凿茨山，泄其溪，取铁英，为楚王制作了龙渊、泰阿、工布三把铁剑，为越王铸了湛庐、纯钧、胜邪、鱼肠、巨阙五剑。这些宝剑成为名扬千古的龙泉历史名剑。当代的龙泉宝剑艺人继承和弘扬龙泉悠久的铸剑历史和灿烂的文化，铸造出现代龙泉名剑。

三、龙泉宝剑的种类

按用途，龙泉宝剑一是武术健身用。随着全民健身运动的兴起，舞剑的人也越来越多。二是作为礼品交流传送。中国是礼仪之邦，送剑是身份地位的象征。三是家庭装饰，用来镇宅。剑自古有避邪的作用，随着人们生活水平的提高，越来越多的人喜欢在家里挂龙泉宝剑以图吉祥如意。

按不同性能，龙泉宝剑分为硬剑（以刚利著称）、软剑（以柔韧著称）和传统武术剑。式样有长剑、短剑、双剑、法剑、手杖剑、鱼肠剑、鸳鸯剑、藏剑、护身剑、雌雄剑等数十个品种，上百种款式。此外，龙泉还生产各式刀具，如汉刀、唐刀、清代腰刀、苗刀、中国传统刀、武术刀、太极刀、武士刀等。龙泉宝剑在古代大都无鞘。现在，龙泉宝剑以名贵的花梨木、红木、黑檀木等制作剑鞘及剑柄。这些名贵木材，质地坚韧，纹理秀美，古色古香，再饰以银、铜，使龙泉宝剑锦上添花。

四、龙泉宝剑的价值

龙泉宝剑以“坚韧锋利、刚柔并寓、寒光逼人、纹饰巧致”四大特色闻名天下，从而使龙泉宝剑具有无可比拟的文化价值、艺术价值、经济价值和收藏价值。

坚韧锋利。1978 年，在我国工艺美术界两次全国性集会上，龙泉宝剑的制作艺人曾当众表演。其中一个艺人用一把龙泉宝剑，不费力地将叠在一起的 6 个铜板劈成两半，而剑刃不卷。

刚柔并寓。古代的龙泉宝剑用生铁铸造，通常在同一剑体中，存在两种不同的硬度。刃口硬度高，有锋利度；剑身硬度较低，使宝剑具有良好的柔韧性。现在则用中碳钢铸造，加之淬火工艺恰到好处，使中碳钢具备了弹簧钢的特性。如将一把薄型宝剑卷成一个圆圈，束在腰中，解开后，宝剑挺直如故。

寒光逼人。龙泉境内有一种名叫“亮石”的磨石。在这种石头上磨制出来的宝剑，寒光闪闪。龙泉宝剑全靠手工磨光，从粗磨、细磨到精磨，往往要花数日甚至数月之久，一旦磨出，青光耀眼。

纹饰巧致。一是剑身表面呈现出各种不同的自然肌理花纹，如山水纹、云纹、树心纹、羽毛纹、龟背纹等，变幻莫测；二是剑身上人工錾刻的七星标志和飞龙图案，精致简约，美轮美奂。在剑身上刻花，也是龙泉铸剑艺人们的一项绝技。艺人们一不用彩笔，二不照图样，只用一把钢凿在宽不盈寸的剑身上刻凿，刻好后浇上铜水，经铲平加磨，图案生动自然。

1924 年，全国武术界在南京比赛时，对宝剑进行了评比，龙泉剑被评为最佳宝剑。1956年，龙泉建厂生产宝剑。1973 年开始出口，享誉国内外。2006年，“龙泉宝剑锻制技艺”经国务院批准列入第一批国家级非物质文化遗产名录。

当代龙泉宝剑艺人本着创业创新的精神，致力发扬光大龙泉宝剑文化，在做精传统工艺剑的同时，还向影视道具刀剑、日用刀具等领域进军。笔者于2006年5月至2008年6月，研究开发了“中华神剑”，用全陨铁制作了国宝级宝物“中华神剑”，并被北京奥组委收藏。该剑经中国珠宝协会邀请有关专家评估，其价值成为龙泉宝剑发展历史上的空前之作。

（原载于《浙江工艺美术》2010 年第 5 期）

龙泉出好剑五大原因浅析

龙泉铸剑历史悠久，享誉国内外。作为一名土生土长的龙泉人，笔者自幼拜师学铸剑。结合自身30多年的专业铸剑经历，笔者分析认为，历史上龙泉出好剑主要有以下五大原因。

一、丰富的铁砂（又称铁英）

在距今2500年前的春秋战国时期，社会生产力的发展水平十分低下，根本没有像现今的采矿技术去寻找开采地下的矿石，只有利用大自然固有的材料。龙泉地处亚热带季风性气候带，雨量充沛；再加上龙泉为山地丘陵地形，地势起伏落差大，形成雨水冲刷现象。丰富的铁矿土经雨水冲刷，就很容易得到大量的露天铁砂。

二、充足的木炭

铸剑需要冶炼，而冶炼少不了木炭。龙泉有极其丰富的森林资源（现在也如此），这些资源为铸剑提供了有利的条件。

三、甘洌清澈的泉水

一把刀剑锋利度及硬度的好坏，除了材料本身以外，最关键的是热处理。热处理技术方法多种多样，有用油、水、浊水、人尿、马尿、血、盐水等淬剂进行淬火。用不同淬剂淬出来的刀剑性能是不一样的。在历史上，就有关于蒲元为诸葛亮造刀去蜀江取水的故事，这足以说明淬剂的重要性。当时，龙泉剑池湖边上有七口水井，形如北斗星座排列，井水清澈甘洌，水质非同一般，是铸得好剑的有利条件。

四、上好的磨石

“宝剑锋从磨砺出”，这说明，对于宝剑来说，磨砺很关键。据有关资料记载、前辈们的述说及笔者亲自使用，龙泉亮石坑的磨砺，具有“吃铁”快、石磨锋头好、出浆多、细腻度高的特点。据了解，世界五大名刀中的日本武士刀是研磨最为精细的刀剑。原因是日本处在多火山喷发地带，火山岩浆喷发时，遇到海水冷却，可形成很好的石灰岩及上好的磨砺。所以，龙泉有上好的磨石也是出好剑的必备条件之一。

五、天时地利人杰

春秋战国时期的吴越地处江南水乡，河渠密布，水网纵横，曾在北方平原上奔驰扬威的战车到了那里无法施展身手，于是步兵成了军队的主力。因而需要找到一种适合步兵作战的短兵器，轻便锋利的剑便在吴越得到了快速的发展。当时，吴越的铸剑技术远远超过了中原诸国，龙泉是越国领地，并且还涌现出欧冶子这样的铸剑大师，为龙泉出好剑起到了决定性的作用。

如今，龙泉的铸剑艺人秉承祖师欧冶子的风范，把龙泉宝剑锻制技艺不断发扬光大。2006 年，“龙泉宝剑锻制技艺”经国务院批准列入第一批国家级非物质文化遗产名录。

（原载于《鉴宝》2010 年 7 月）

宝剑上的纹饰

剑，自古以来就是高雅端庄的神器，凌驾于所有兵器之上，又是象征尊贵的礼器。剑作为“百兵之君”，是权力、地位、身份的象征，亦包含了正气和刚正不阿的侠义精神。宝剑文化从最初的宝器转变为一种精神，一种升华了的剑道文化。

一柄好剑，除了做工精良外，其上的剑饰更是汇集了各种吉祥寓意。比如，常用的牡丹纹饰、花草纹饰，寓意为花开富贵、硕果累累；松鹤纹饰有长寿之意；五福捧寿，寓意多福多寿……

福在眼前：蝙蝠、古钱或元宝构成图案。古钱币多圆形，中一方孔，俗称为钱眼。钱与“前”同音，这里比喻“眼前”。“福在眼前”，即幸福就在眼前。

蝙蝠、祥瑞之云气：云与“运”谐音，即为福运好运，预示好运气到来。

福寿双全：蝙蝠衔住两个古钱，谐音“双全”。蝙蝠谐音“福”，寿星寿桃代表长寿，组合成的图案叫“福寿双全”。

卷草纹在宝剑上寓意为连绵不断，生命力旺盛之意。作为辅助图案，与龙纹组成穿枝龙纹，或是与其他花纹组合，有富贵连绵的意思。

当刀剑作为礼品赠送时，也会取其“到”“见”的谐音，比如“福寿”送到了，或是见到了“富贵连连”“福寿双全”等。送给老人做寿，如果送刀，寓意宝刀不老；如果送剑，寓意福寿得见。

由此看来，纹饰是表现剑意的主要手法，不同的元素赋予的含义也不同。因此，一把宝剑外饰元素运用得对与错、好与坏，是非常关键的，每个铸剑师必须要认真分析读透。

（原载于《文化艺术报》2017年6月16日）

严格规范管理
推动龙泉宝剑产业健康可持续发展

龙泉宝剑历史悠久，源远流长。龙泉宝剑既是一张具有浓郁地方特色的金名片，又是一个具有历史传统的经典文化产业。

近年来，随着网络销售的发展，假冒以及非法销售龙泉宝剑现象日益严重。网上销售乱象和非法生产刀具，不仅扰乱了龙泉宝剑产业的市场秩序，也不利于社会治安管理。

随着国家对刀剑等器具的管制更加严格，龙泉宝剑这项传承了千年的工艺产品，遇到了很大的挑战。近年来，严格规范管理，推动龙泉宝剑产业健康可持续发展已经成为政府、公安机关、刀剑厂家等各方的共识。

2015 年，龙泉市政府、市公安局、阿里巴巴安全部共同推出的《龙泉宝剑网上销售线下合作备案准入机制》成为国内首个试点。也就是说，龙泉当地的网商可以在淘宝、天猫网站上售卖工艺武术刀剑，前提是必须到市公安局进行备案，并由具有鉴定资质的民警对出售宝剑进行鉴定后，方可上网销售。

该项制度备案的是网售刀剑实物与网商实人，实现了网上销售方和公安治安专家合作互补的关系，打通了线上与线下的信息，弥补了平台商看不见经营者及售卖实物而带来的管控缺陷。具体路径如下。① 预约备案。账号注册的公司法人亲自到龙泉市公安局办理，卖家需准备：填写并打印好的《淘宝工艺武术刀剑售卖备案证明》；天猫网商被要求带上账号注册的公司法人的身份证原件以及对应的营业执照原件；淘宝网商被要求带上账号注册人的身份证原件，如果有营业执照，也请带上原件；已在或预备在淘宝、天猫网上销售的工艺刀、剑实物样品。② 审核后开证明。市公安局会组织专业的鉴定人员依据卖家提供的《淘宝工艺武术刀剑售卖备案证明》，对在淘宝、天猫售卖的工艺刀剑商品进行现场实物鉴定，排除不适合网络销售的管制刀具商品。对符合要求的，卖家现场登录备案的淘宝、天猫账号，登录成功的，公安局会对《淘宝工艺武术刀剑售卖备案证明》进行盖章确认。③ 公安局上传备案至阿里巴巴。④ 核实通过，备案成功。

在线下合作备案准入机制的基础上，为严厉打击非法制贩管制器具的违法犯罪活动，保障龙泉宝剑产业的长远发展，龙泉市各部门合作，进一步规范刀剑管理。2017 年 8 月 21 日起，对外出售的龙泉宝剑都将打上独有的二维码，以此对宝剑进行溯源。

购买龙泉宝剑的顾客可以通过扫描剑身上的二维码，清楚了解剑的来路，选择是否购买。二维码刻在剑上，不仅能方便消费者识别，公安部门在治安管理上还能实现大数据查询功能（行业管理功能）、采集数据的图形化统计分析功能、黑名单与逃犯等信息实时布控功能、与浙江警务工作平台互联互通。而龙泉宝剑的商家们也可以通过追踪溯源平台，查看到自己出售的宝剑主要面向哪些地区，铺设产品、参加展会时可以更加了解市场行情，有的放矢。

（原载于《山西青年报》2017 年 7 月 21 日）

以特色小镇建设为引领 加快发展龙泉宝剑历史经典产业

龙泉因剑得名。龙泉宝剑历史悠久，自铸剑鼻祖欧冶子首创至今，已有2500多年。龙泉宝剑以“坚韧锋利、刚柔并寓、寒光逼人、纹饰巧致”四大特色享誉国内外。

中华人民共和国成立后，在党和政府的关心重视下，龙泉宝剑锻制技艺得到了很好的传承和弘扬。2003年，中国工艺美术协会授予龙泉“中国宝剑之乡”的称号；2006年，“龙泉宝剑锻制技艺”更是入选首批国家级非物质文化遗产代表作名录。如今，龙泉宝剑不但成为一张文化金名片，而且还是一个具有鲜明地方特色的历史经典产业。

“历史经典产业”的概念最早出现在2015年初的浙江省政府工作报告中，指的是该省境内有千年以上历史传承、蕴含深厚文化底蕴的产业，主要包括茶叶、丝绸、黄酒、中药、木雕、根雕、石刻、文房、青瓷、宝剑。同年5月，浙江省提出重点培育100个左右的“特色小镇”，聚焦七大产业，兼顾“历史经典产业”，坚持产业、文化、旅游“三位一体”。“特色小镇”有别于行政区划单元和产业园区，是相对独立于市区，有明确产业定位、文化内涵、旅游和一定社区功能的发展空间平台。“特色小镇”的规划面积一般控制在3平方千米，建设面积控制在1平方千米，3年内要完成固定资产投资50亿元左右，所有“特色小镇”要建成AAA级以上景区。

作为县级市的龙泉，同时拥有龙泉宝剑和龙泉青瓷两大“历史经典产业”，并且在龙泉青瓷小镇被列入省级“特色小镇”的基础上，龙泉宝剑小镇被列入第二批省级“特色小镇”，我们抢抓千载难逢的机遇，以特色小镇建设为引领，加快发展龙泉宝剑历史经典产业。

2016年初，浙江省政府出台了《关于推进龙泉青瓷龙泉宝剑产业传承发展的指导意见》，明确了龙泉青瓷、龙泉宝剑传承发展的意义、方向、目标和扶持举措。该意见指出，到2020年，龙泉宝剑、龙泉青瓷要实现百亿产值。其中，龙泉宝剑产值40亿元。

我们要充分认识振兴历史经典产业的重大意义，以高度的历史责任感做好传承发展工作，坚持市场化发展道路，切实发挥龙头企业和行业协会的作用，通过建立产业发展联盟等方式，不断激发产业发展的内在动力。当前，龙泉宝剑产业仍然存在诸多问题：规模总量小，产业集聚度低；制作工艺低，产品结构较单一；研发力量弱，创新人才匮乏；品牌意识差，营销能力不足。在这种情况下，我们应该不断加强人才队伍建设，在政府部门的规划、引导和扶持下，借特色小镇建设的东风，积极主动融入其中，使历史经典产业焕发出新的生机和活力。

一是加快龙泉宝剑小镇建设，打造好产业发展空间平台。立足于龙泉宝剑深厚的文化底蕴、良好的宝剑文化产业基础，以欧冶子铸剑遗址为核心功能区，按照“技艺传承区、文化弘扬旅游休闲区、经典产业园”的功能布局，凝心聚力，排除一切杂音、干扰，密切配合政府规划，建设好集宝剑铸造技艺传承地、宝剑文化创意集散地、宝剑文化体验区、宝剑文化旅游休闲区、影视剧拍摄基地为一体的中华宝剑主题小镇。

二是加强队伍建设，构建人才高地。在继续发扬“父传子、师传徒”的传统技能传授方式的基础上，大力实施宝剑产业人才培养工程。把龙泉市中等职业学校（现龙泉青瓷宝剑技师学院）建设成为宝剑产业后续人才培训基地。加强与高等院校的合作，与组织人事部门一起，采取“引进来”和“送出去”的方式，双管齐下引进和培养人才，重点培育大师队伍和新生代铸剑师，以提升传统工艺的品位和质量。

三是加强科研攻关，改造、提升传统刀剑产业。加大开发力度，生产高精尖系列产品，加强对传统铸剑工艺技术的研究和挖掘，积极应用现代新技术、新工艺、新材料对传统工艺进行改进和创新，在原料取材、锻制技术、宝剑性能等方面大胆革新改造，突破材料、品种的单一化，丰富龙泉刀剑产品种类，促进产品技术和工艺的创新。

四是适应消费需求的深刻变化，形成新的产业集群。大力发展高档艺术品、时尚日用品、时尚工艺品、高科技产品、旅游纪念品，深入推进“创意＋”“文化＋”“旅游＋”融合发展，让历史经典产业适应并顺利融入现代经济社会，提升龙泉宝剑的产品附加值。建立宝剑产品标准体系，严格规范管理，加强名企、名品、名家培育，促进龙泉宝剑产业健康可持续发展。通过“互联网＋”跨界合作，探索传统产业全新的商业模式，推进销售统一品牌标识，推广应用产品条形码，加快宝剑产品包装科技开发，使其向精致化、标准化方向发展。强化宣传推广、市场营销体系建设，扩大电商销售规模，依托北京、上海等国际化大都市宣传展示营销平台，推进龙泉宝剑产品进一步走向国际市场，切实将龙泉宝剑这一历史经典产业打造成为象征中国传统优秀文化符号的金名片和龙泉市国民经济支柱产业。

（原载于《文化艺术报》2017年10月13日）

剑都龙泉

咣当，咣当，一声声铿锵有力的铁锤声，炉子里火光闪耀，一块红亮通透的铁块放在铁砧上，数人轮番捶打，洒下汗珠一片。这是龙泉街头常见的铸剑场景。

龙泉，一座燃起中国铸剑薪火的城市。2500多年前，铸剑祖师欧冶子于此汲水淬剑，出现了五色龙纹、七星斗像。传说中的“七星龙渊剑”由此诞生，龙泉与宝剑的故事也自此开始。

一把宝剑成品制作的成功，在总体设计确定后，工艺流程上主要分三大部分60多道工序。剑身锻制，有配料、锻炼、成型、錾刻、鎏铜、铲锉、淬火、磨砺等工序；剑鞘制作，有配料、开片开槽、胶合、修正成型等工序；装具配置，有落料、刻花、样壳等工序。

欧冶子铸龙渊剑，用剑池湖水淬剑，开创了中国铁剑先河，留下了千古佳话。《中国水系词典》称：“古籍载，（剑池湖）相传欧冶子铸剑于此，号为龙渊。唐置县时为避高祖（李渊）讳，改名龙泉湖，宋时避龙字讳，改名剑池湖。”剑池湖作为龙泉剑文化的发源地，被当地人认为是龙泉文脉所在。

古代的剑池湖有多大呢？据明代的方志记载，剑池湖“周三十亩，今为荷池”。可见当时湖的面积不小，而且开满荷花。现在，规划面积3.8平方千米的龙泉宝剑小镇就建在剑池湖的边上，成为一个承古开今的文化旅游新地标。

古时剑池湖旁有井七口，其排列状如北斗七星，故称“七星井”。铸剑师们一直沿用以七星井之水给宝剑淬火的方法，随着岁月流逝慢慢变成了习俗。直到今天，铸剑人在开炉吉日都要象征性地到井里取来井水倒入淬剑水桶内，以示虔诚和敬畏之心。

铸剑师又在龙泉剑的剑身上镂刻北斗七星图，以剑应北斗天象之形，故又称“七星剑”，更显龙泉剑的威力和神奇。

湖旁有剑池亭，又称“剑子阁”。中华人民共和国成立后，当地曾先后两次重修剑池亭。第一次是1957年。据当年《重修剑池亭碑志》载：“特拨款一千二百元，鸠工修葺，经一月而始竣工。秦溪山麓，剑池湖畔，重现绿树成荫，红阁掩映，济川桥横，剑池雨霁之胜景。”对于新建的剑池亭，原龙泉宝剑厂厂长赵永泉曾撰文描述：“秦溪山麓临井建有一亭榭，朝北偏东。阁基高一丈五尺，一色棋盘山花岗石砌成。剑子阁雕梁画栋，红柱题联曰：‘山上铁英阁下清泉飞出龙渊剑迹，背后苍松眼前香荷送来剑池雨霁。’青瓦覆盖，白泥瓦镶边，白栋砖压脊，两头鱼龙相对，中间双凤捧月，四向飞龙跳角，角下铜铃鸣风。剑子阁内，南面的墙上画着腾云驾雾的苍龙口吐双剑，气势蓬勃；东西墙各有大圆窗，窗两边共有四幅欧冶子铸剑图；阁内北檐下有额匾一块，上书‘剑子阁’三字，白底黑字，苍劲有力，与欧冶子将军庙的‘剑池古迹’四字遥遥相对；阁基北面是仅余的一口剑池，六角井栏围口，池深三四尺，水清寒甘洌，基墙上刻有‘古剑池’三个字。秦溪山郁郁葱葱，古树参天，翠竹欲滴；两棵虬松曲折蟠螭，一棵挺拔昂首，一棵斜覆阁上，给剑子阁平添十分景色。”在相当长的一段时期内，剑池亭都是龙泉剑池湖胜景的标志性建筑。

时光流逝，到了20世纪80年代，由于经不住岁月无情的风吹雨打，剑池亭早已不复存在。1993年，剑池亭在原址重建。新亭以钢筋水泥结构，代替了原有的木结构，亭柱有联“龙光昭九域，剑气贯千秋”。

为了纪念欧冶子在龙泉铸剑的功绩，后人在秦溪山剑池湖之北，还建有欧冶子将军庙。据明代官修地理总志《寰宇通志》记载:“欧冶子庙，在龙泉县南五里剑池湖前。”庙内欧冶子塑像，头戴金盔，身披战袍，双手持剑，威严而坐，俨然一副将军模样。塑像前神位牌上书“敕封护国欧冶子大将军之位”字样。

欧冶子原本只是一位出色的铸剑师，因铸剑抗吴有功，才被越王勾践封为将军。农历五月初五日端午节，是传说中欧冶子铸出第一把宝剑，化龙飞天之日。龙泉剑匠们认为这一天是铸出好剑的吉日，能得到祖师的神助。因此，这一天剑匠们都要去欧冶子庙举行祭剑祖仪式。仪式结束后，剑匠们还要挖秦溪山泥土补炉，取剑池湖水淬剑，祈求保佑能造出锋刃锐利、光耀夺目之好剑……现在的欧冶子将军庙修建于2005年，重修于2014年。白墙黛瓦，飞檐凌空，古庙新颜，香烟缭绕。

随着龙泉宝剑声名远播，龙泉宝剑铸造“军团”也迅速成长。龙泉，成了名副其实的“剑都”。

（原载于《新华每日电讯》2020年12月4日）

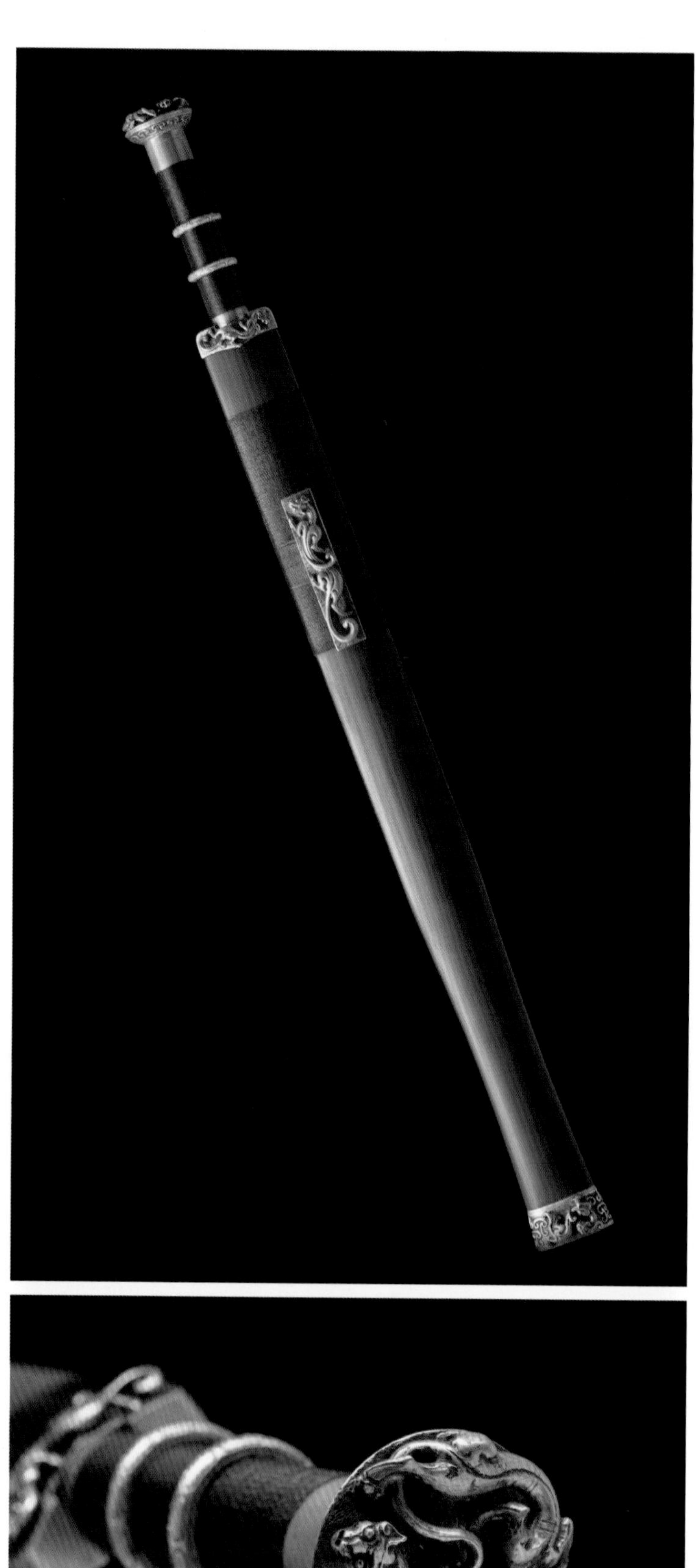

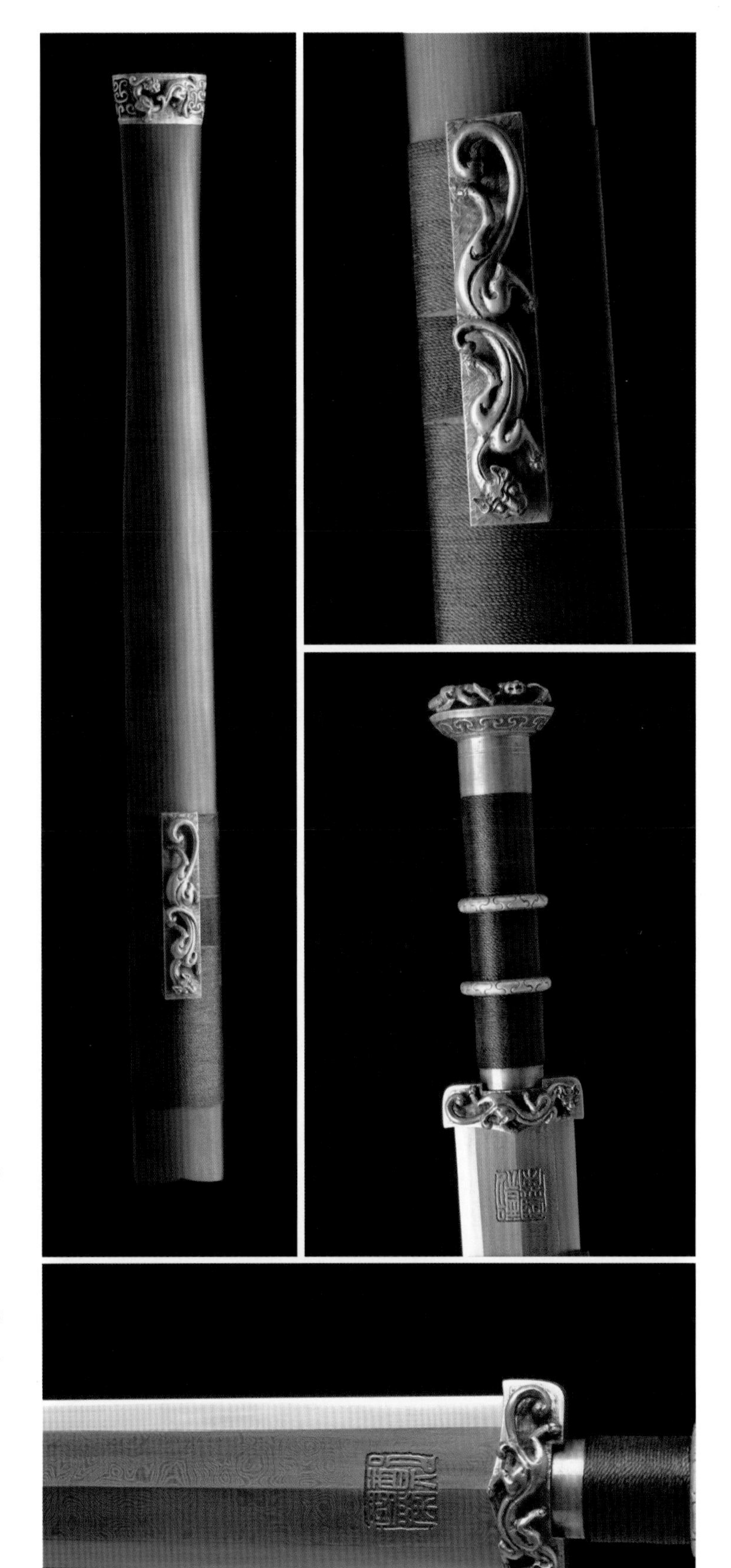

古越春秋剑

尺　　寸：全长75厘米，刃长53厘米，柄长15厘米

剑刃材质：手锻花纹钢

工　　艺：百炼法锻制，覆土烧刃，传统研，八面形制结构

鞘　　质：黑檀木

配饰装具：铜质地，手工雕琢，镶银丝

2010年，古越春秋剑获第二届中国·浙江工艺美术精品博览会“天工艺苑杯”金奖。

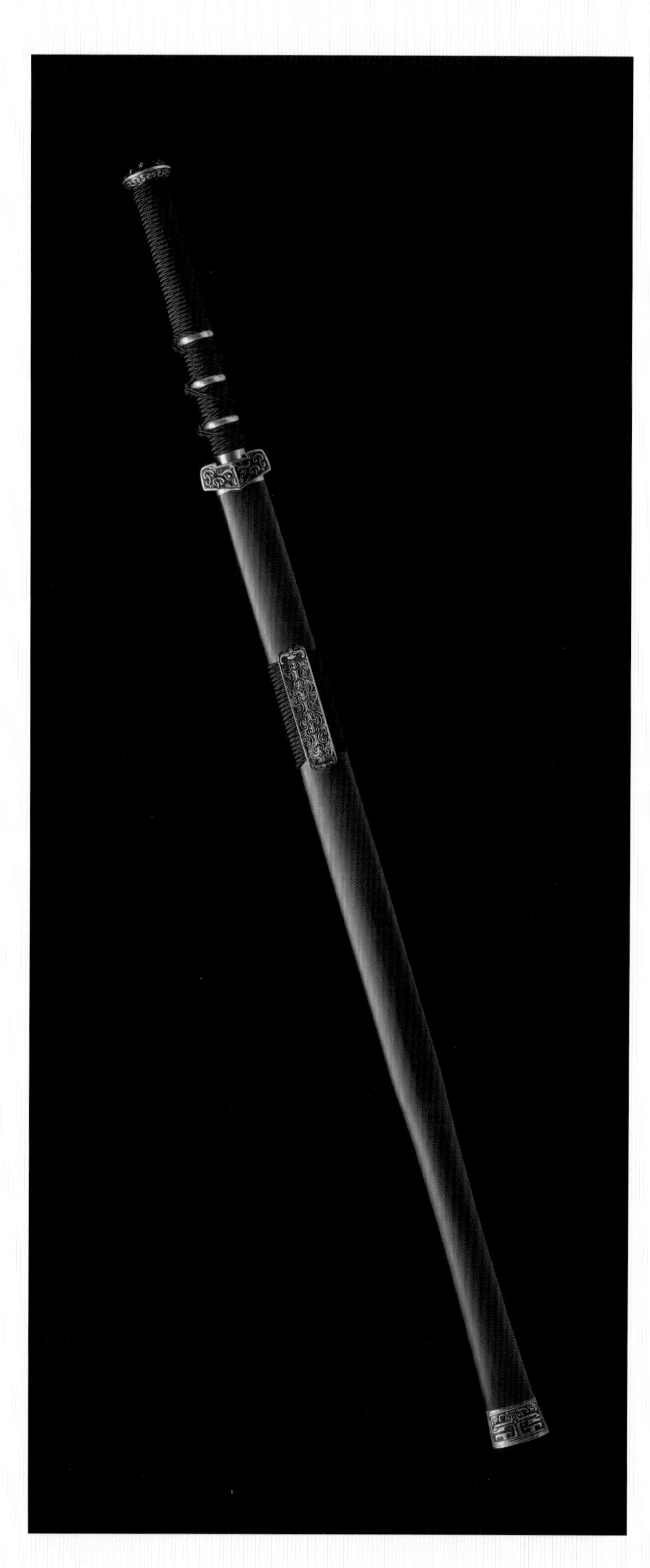

汉 剑

尺　　寸：全长112厘米，刃长82厘米，柄长26厘米

剑刃材质：手锻花纹钢

工　　艺：百炼法锻制，覆土烧刃，传统研，八面形制结构

鞘　　质：黑檀木

配饰装具：铜质地，手工雕琢

2014年，汉剑获第四届中国·浙江工艺美术精品博览会"中信杯"特等奖。

行云剑

尺　　寸：全长113厘米，刃长82厘米，柄长27厘米

剑刃材质：手锻花纹钢

工　　艺：百炼法锻制，覆土烧刃，传统磨，瓦楞形结构

鞘　　质：黑檀木

配饰装具：黄铜质地，手工錾刻

2014年，行云剑获中国（杭州）工艺美术精品博览会金奖。

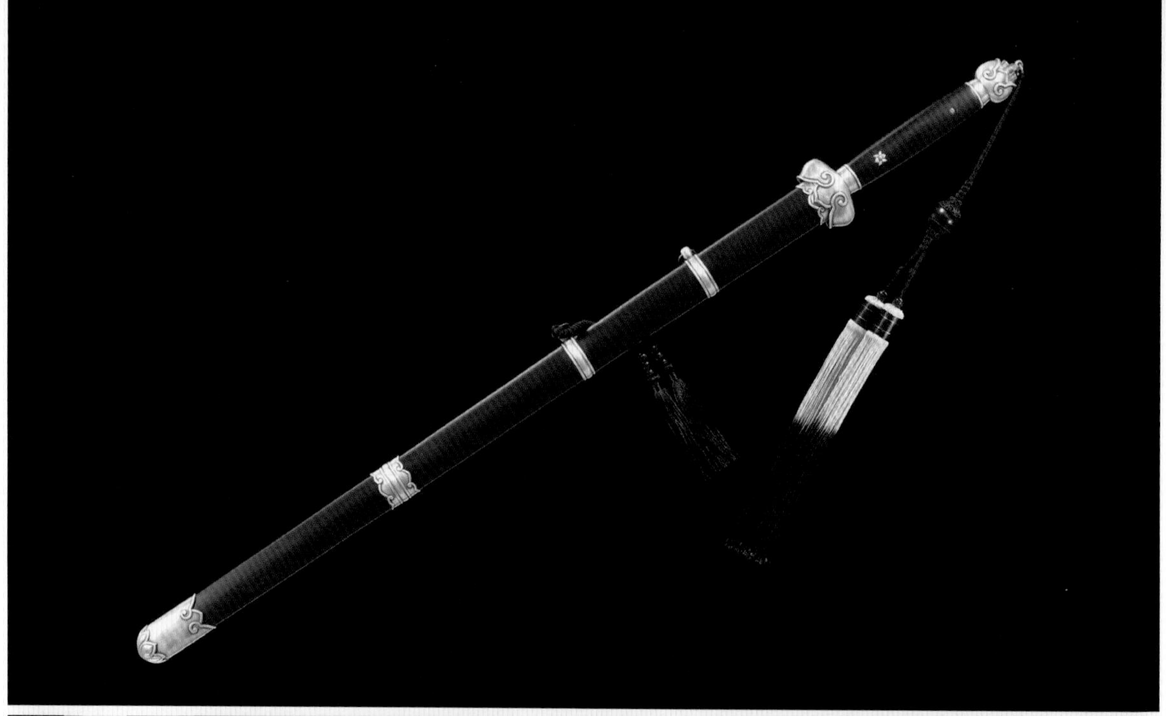

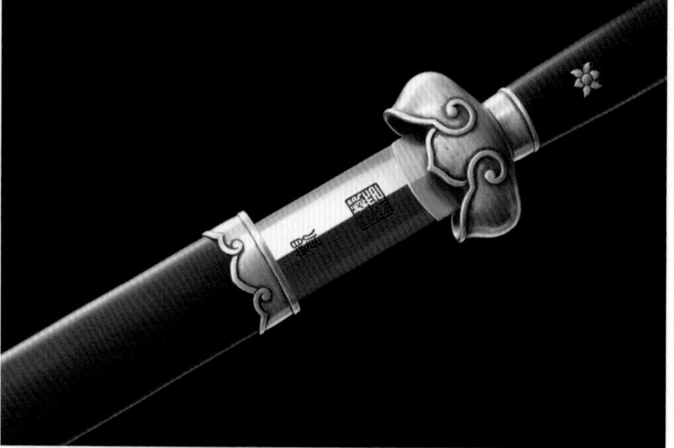

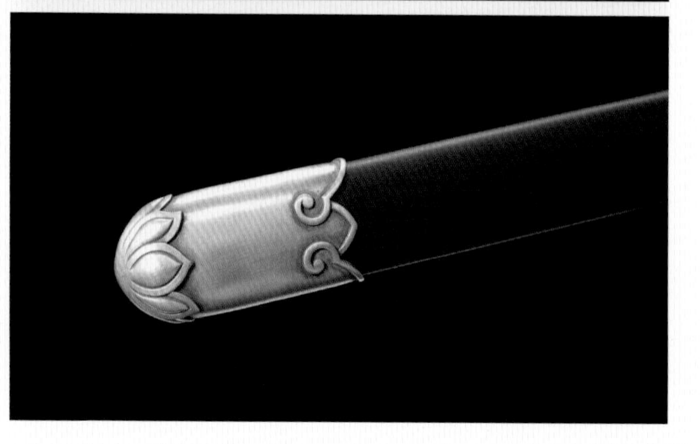

澄观剑

尺　　寸：全长110厘米，刃长82厘米，柄长18厘米

剑刃材质：手锻花纹钢

工　　艺：百炼法锻制，覆土烧刃，传统研，四面形制结构

鞘　　质：黑檀木

配饰装具：银质地，手工錾刻

2019年，澄观剑获第九届中国（浙江）工艺美术精品博览会银奖。

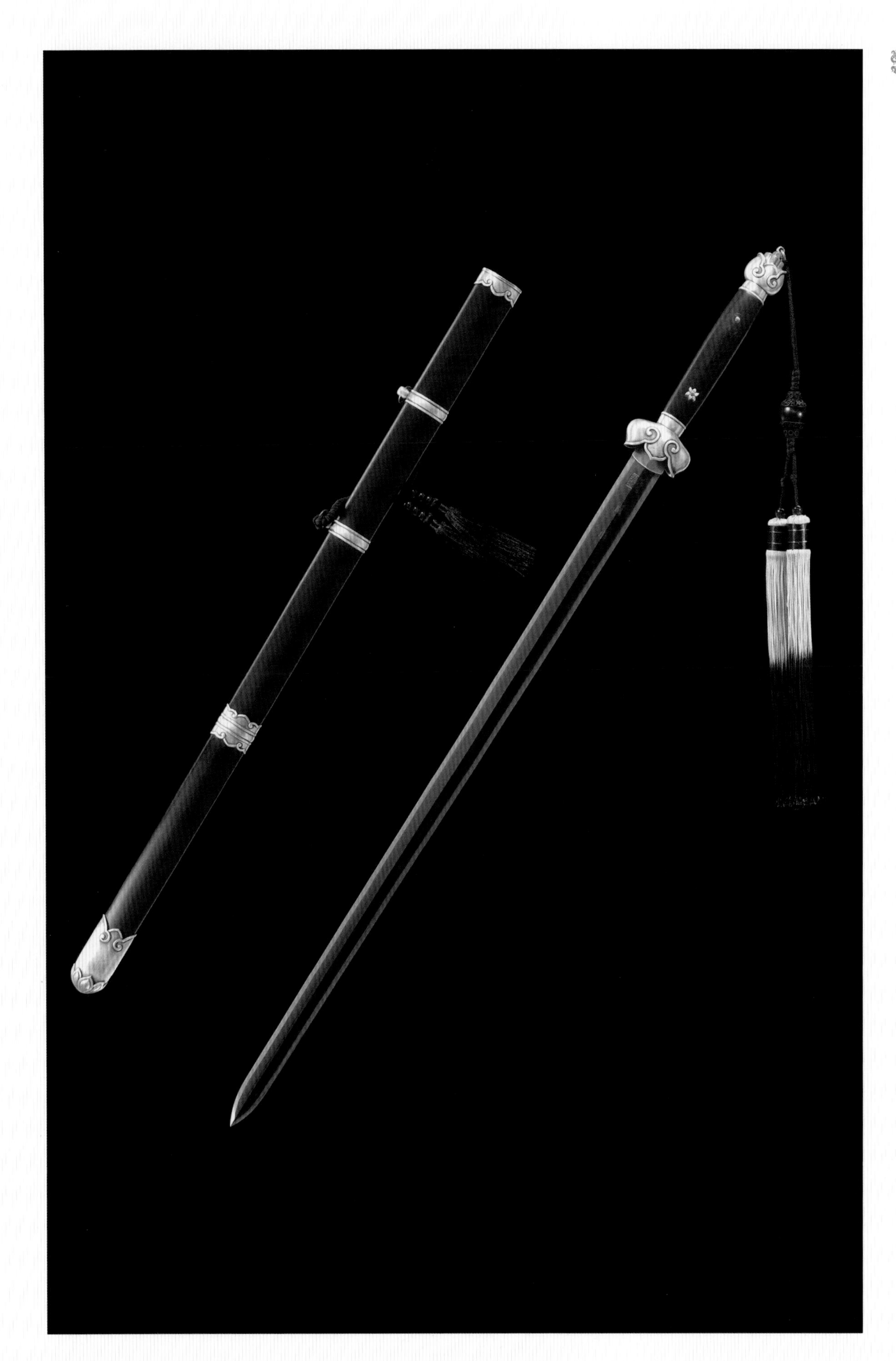

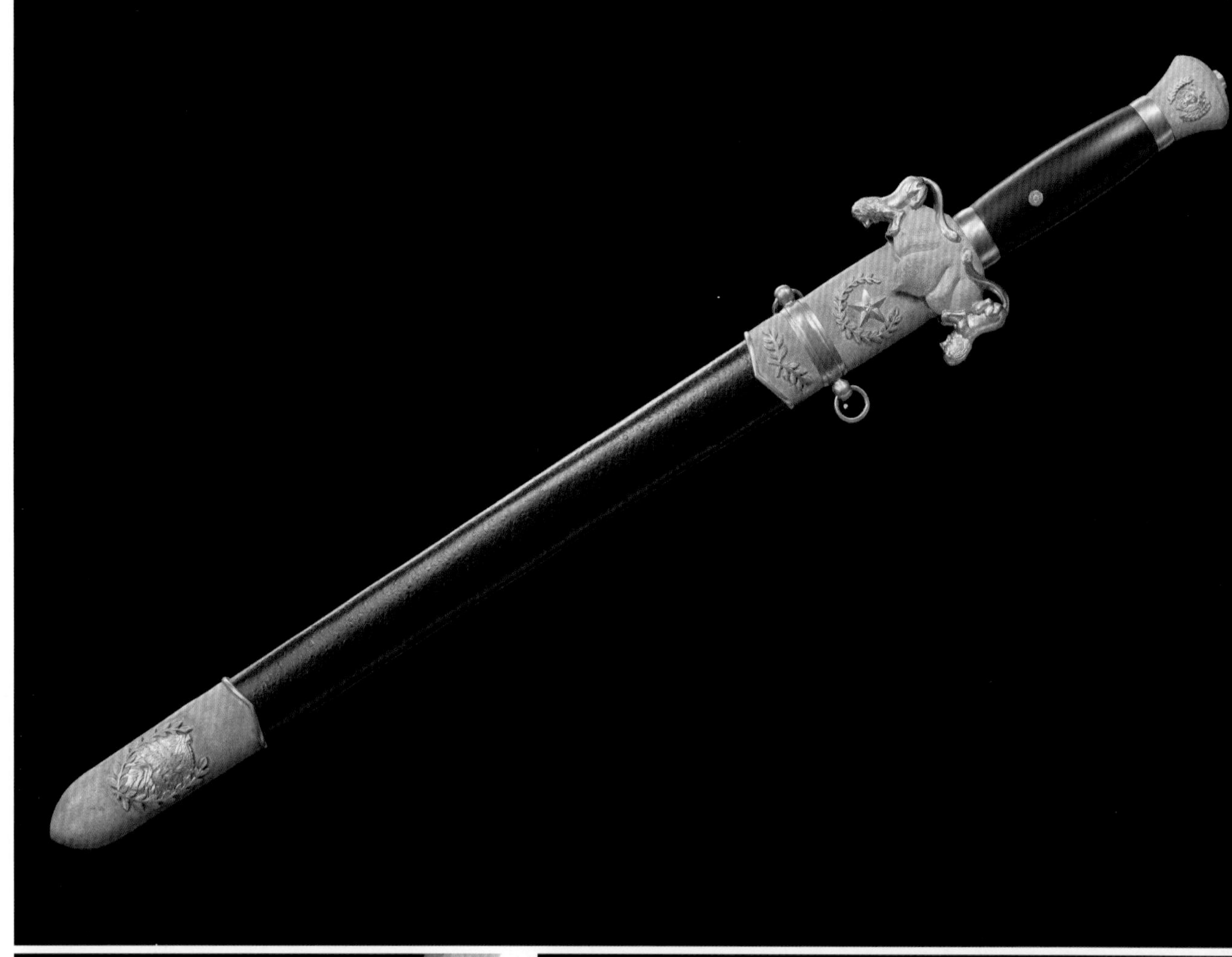

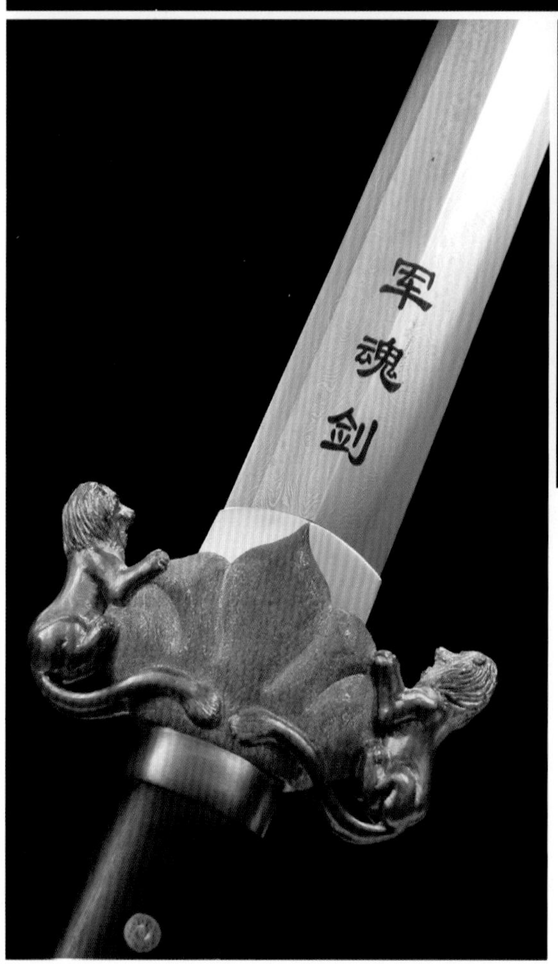

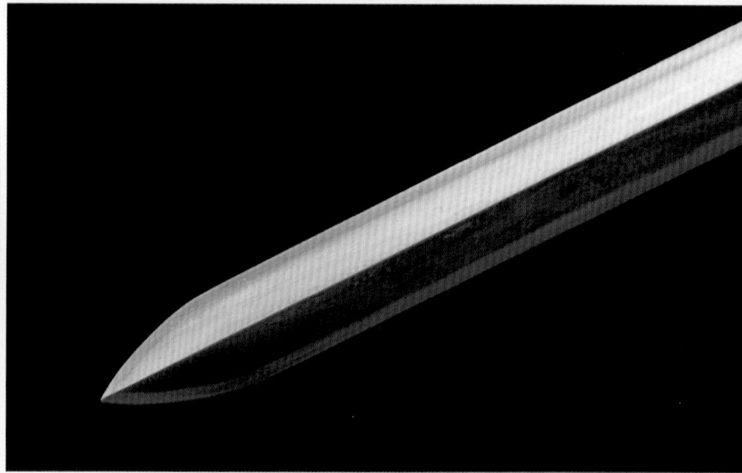

军魂剑

尺　　寸：全长63厘米，刃长44厘米，柄长16厘米

剑刃材质：手锻花纹钢

工　　艺：百炼法锻制，烧刃，传统研，四面形制结构

鞘　　质：铜质地，烤漆

配饰装具：铜质地，手工雕琢

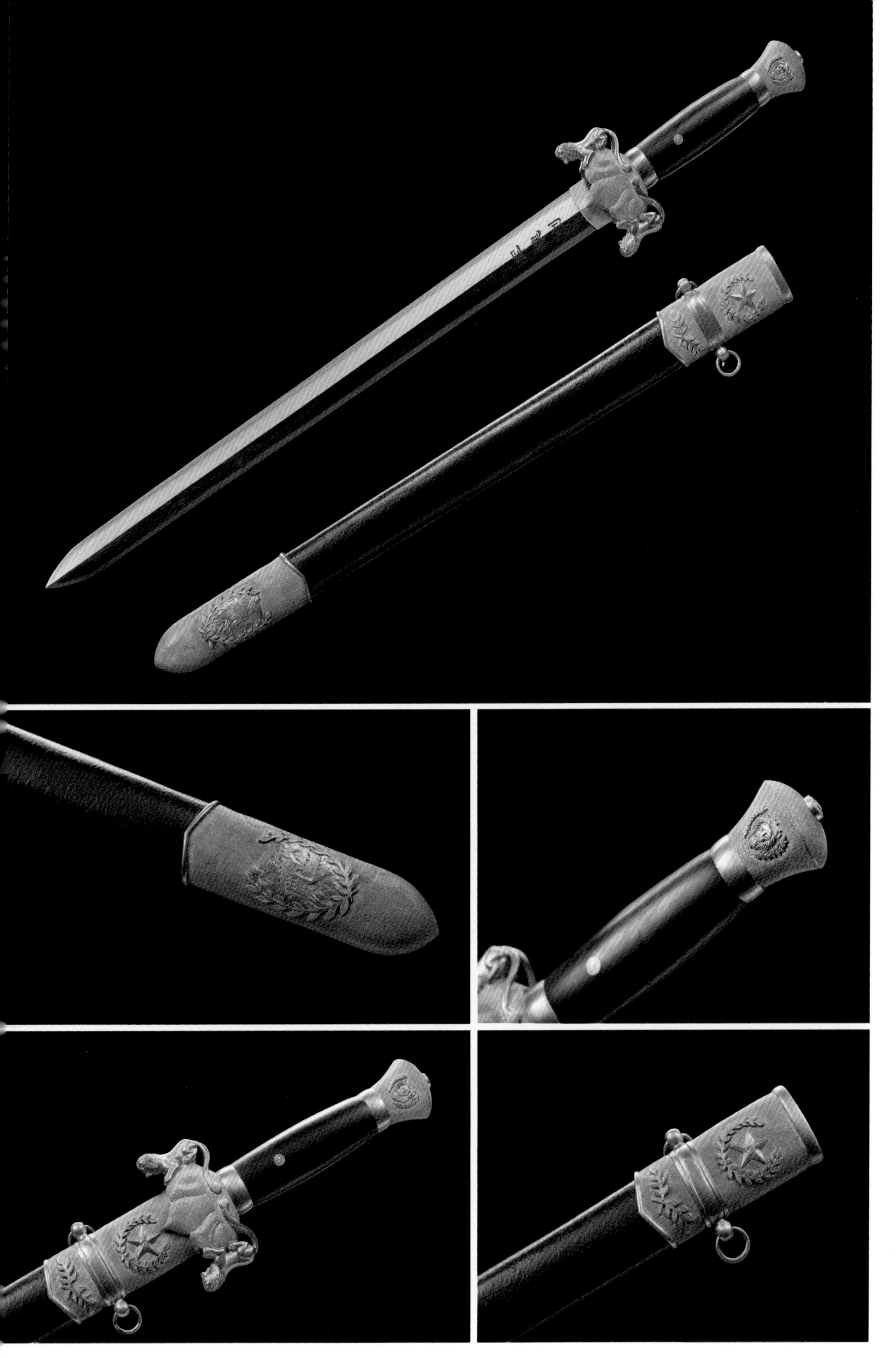

伏魔剑

尺　　寸：全长103厘米，刃长76厘米，柄长23厘米
剑刃材质：陨铁（维斯台登纹）
工　　艺：用纯陨铁精制而成，八面形制结构
鞘　　质：内质软木，外包鲛鱼皮
配饰装具：黄铜质地，手工镂空雕琢，镶嵌珊瑚等

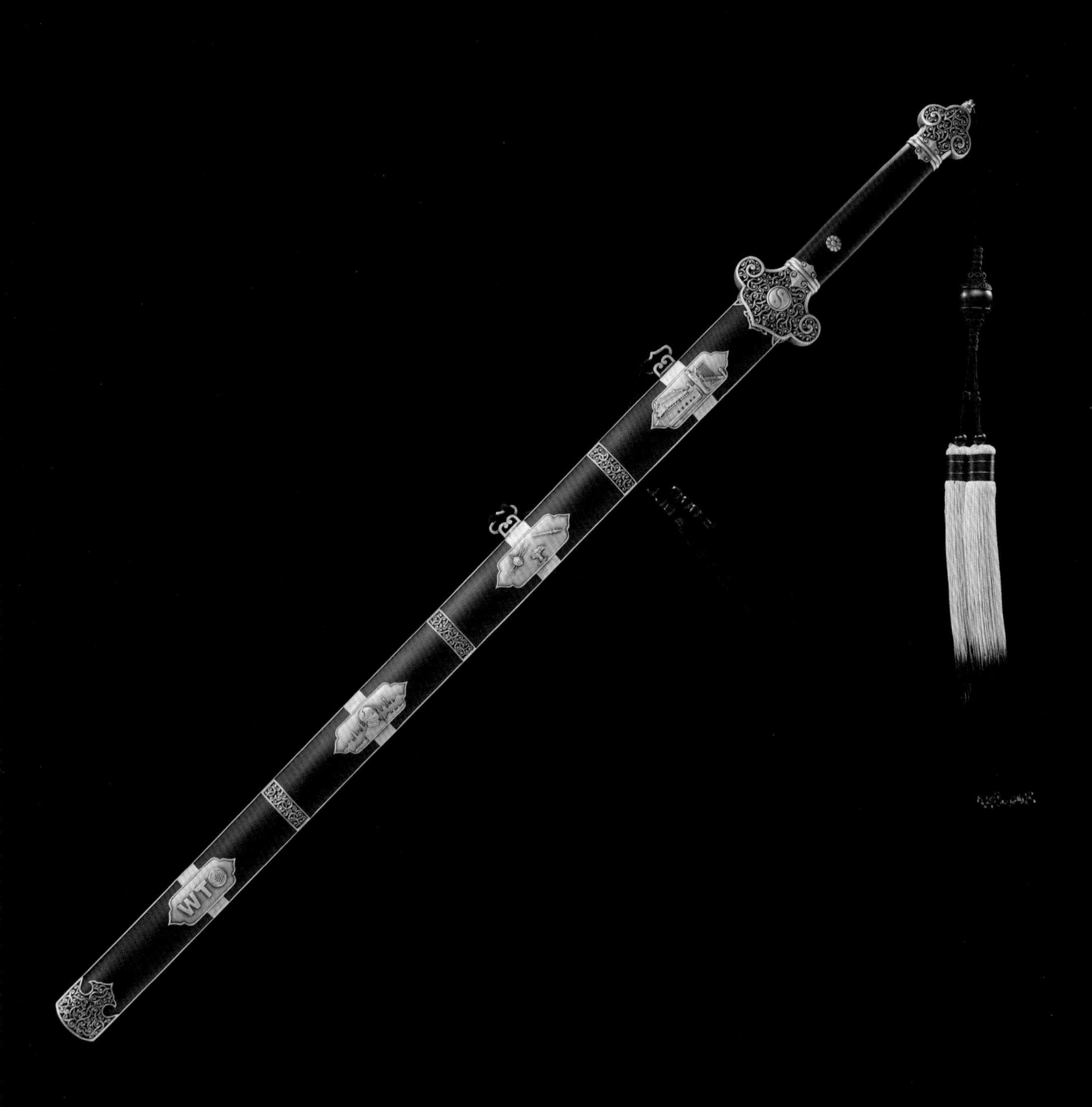
WTO

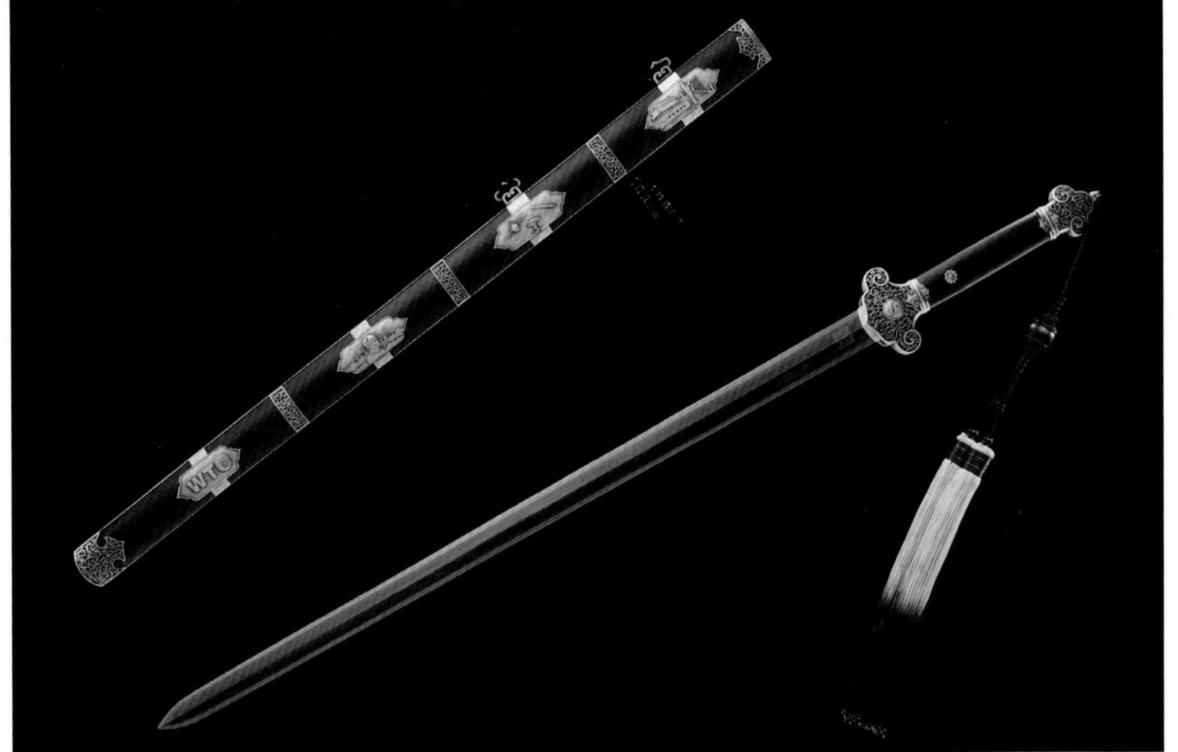

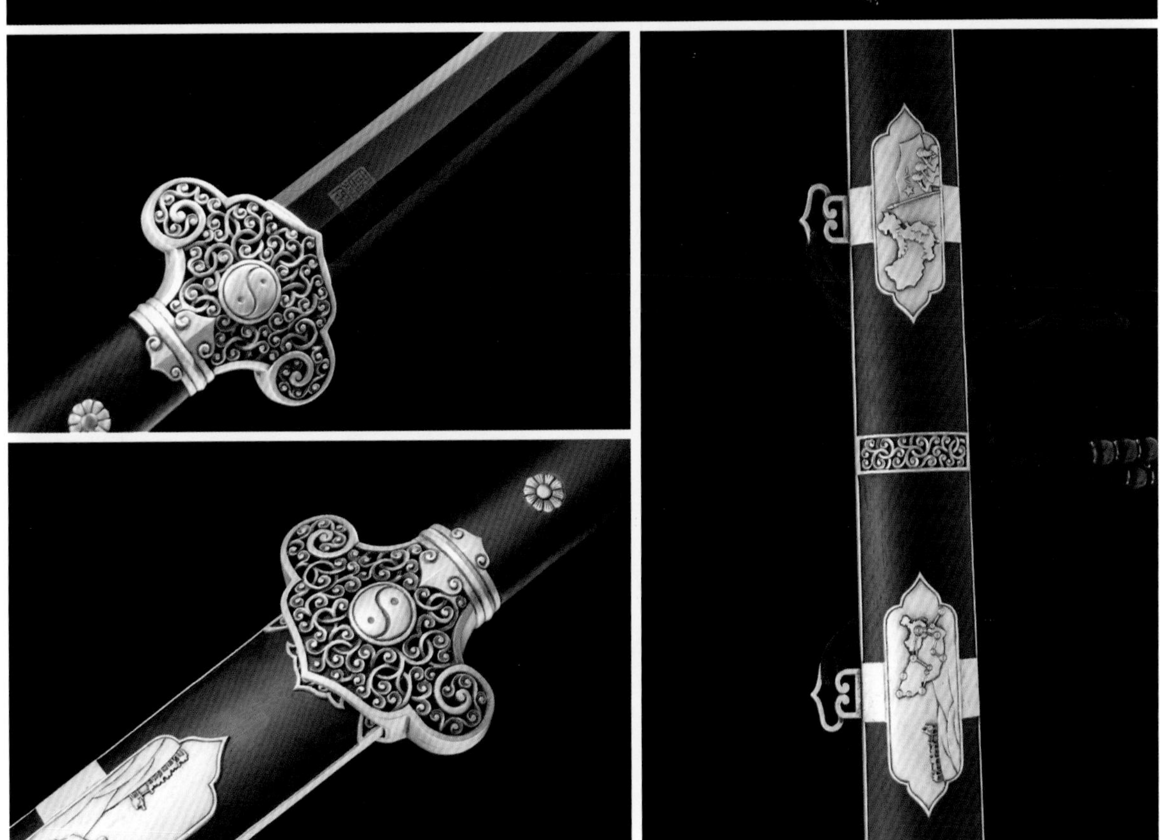

复兴之剑

尺　　寸：全长 108 厘米，刃长 80 厘米，柄长 23 厘米

剑刃材质：手锻花纹钢

工　　艺：百炼法锻制，烧刃，传统研，四面形制结构

鞘　　质：黑檀木外包银边

配饰装具：银质地，手工錾刻

2020 年，复兴之剑获中国工艺美术精品博览会暨“神工杯”创意设计制作大赛金奖。

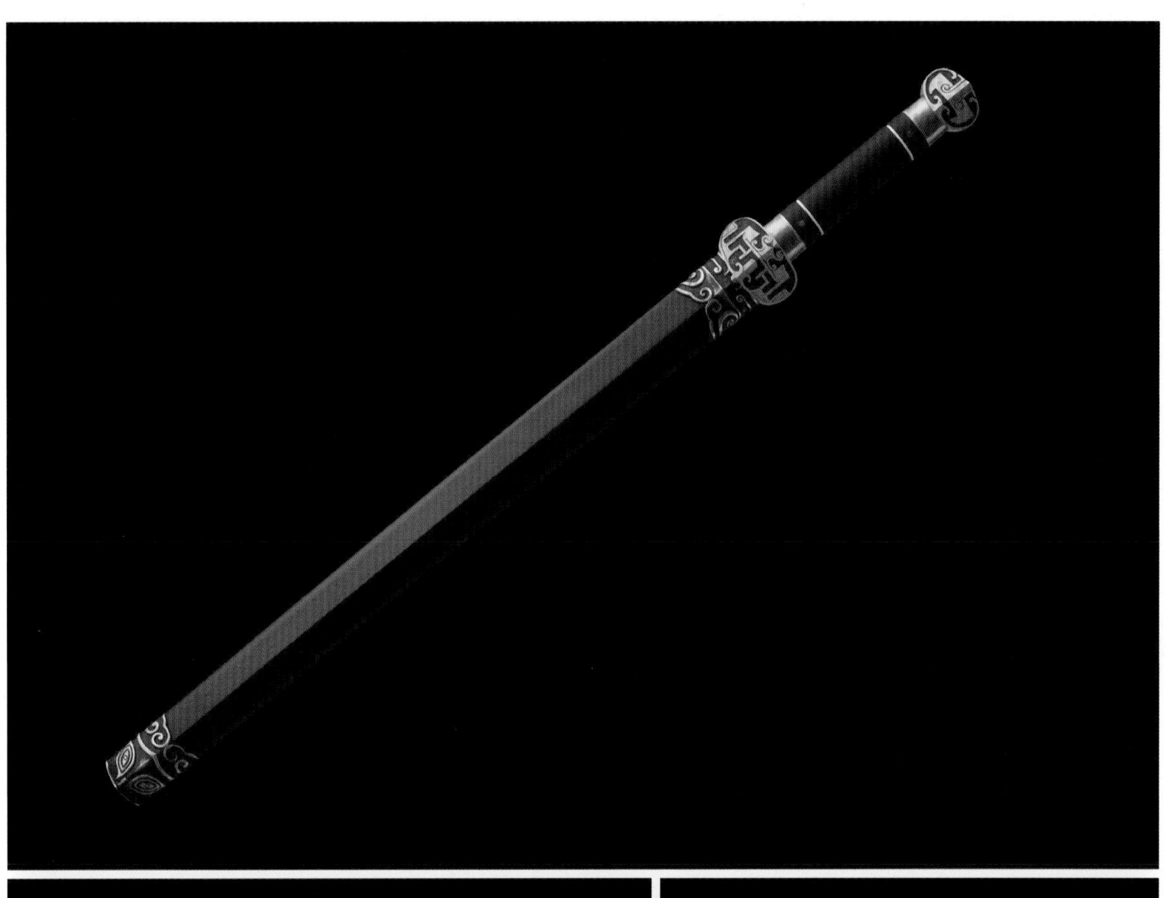

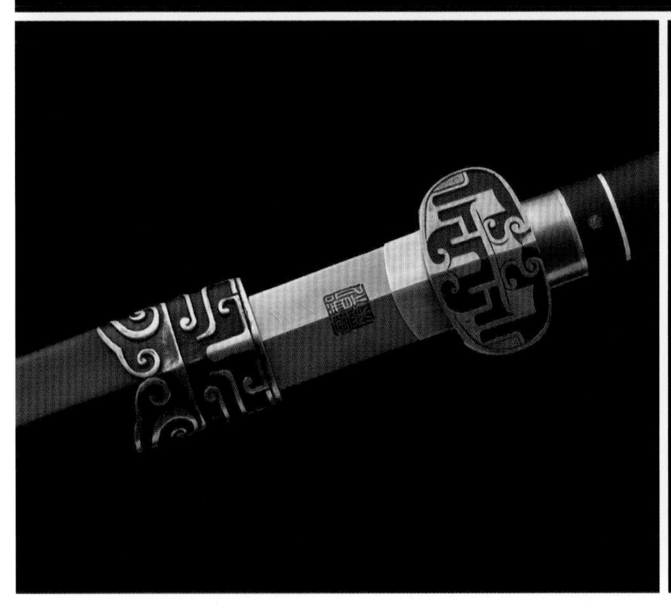

金锋剑

尺　　寸：全长85厘米，刃长60厘米，柄长22厘米
剑刃材质：手锻花纹钢
工　　艺：百炼法锻制，夹钢，传统研，四面形制结构
鞘　　质：黑檀木
配饰装具：黄铜质地，模造法

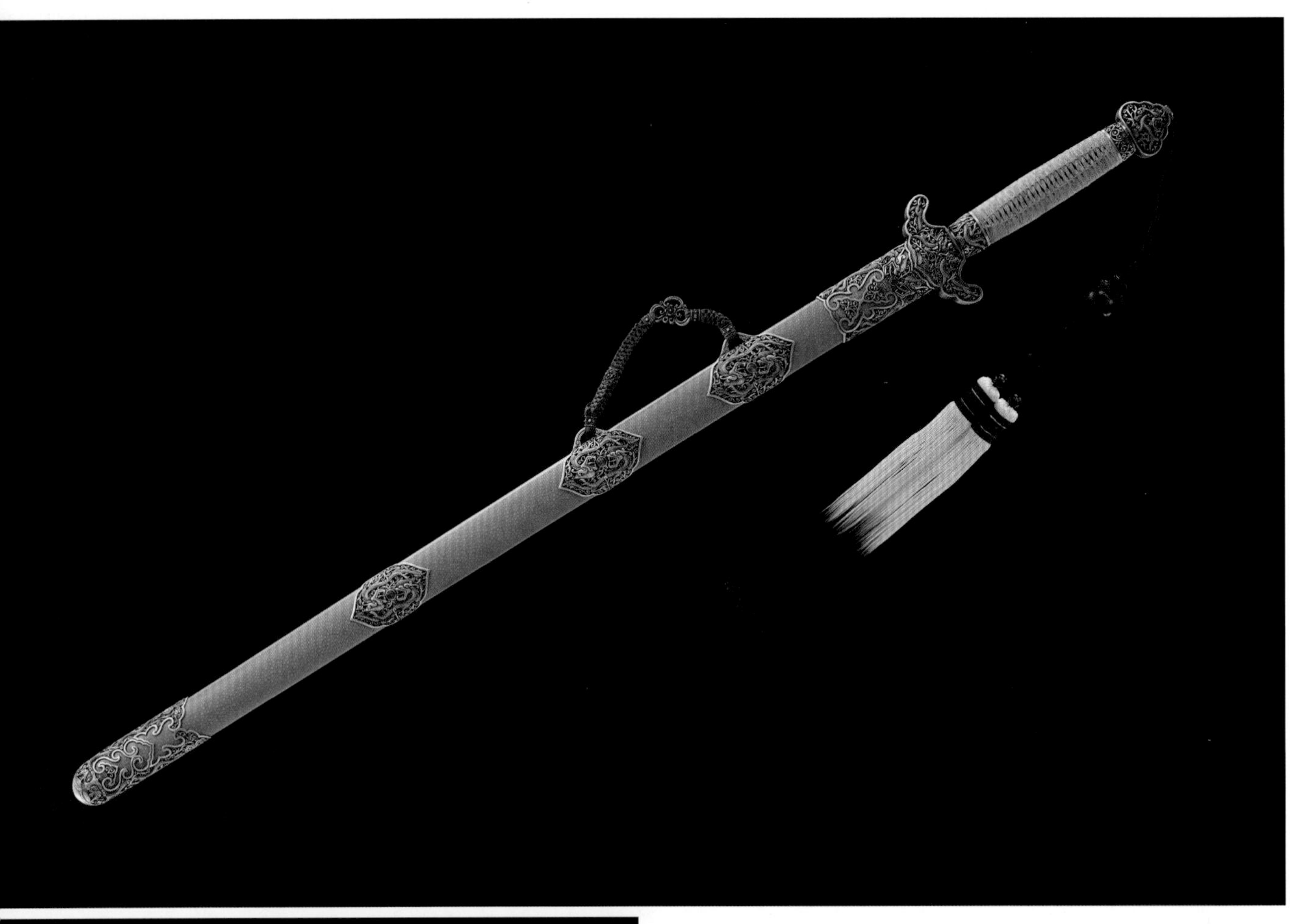

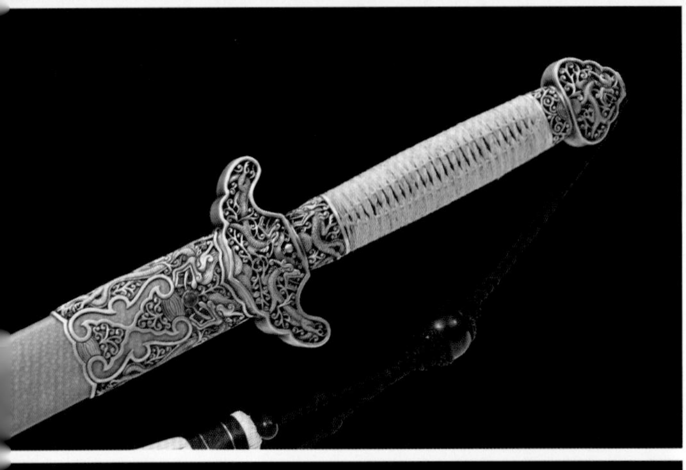

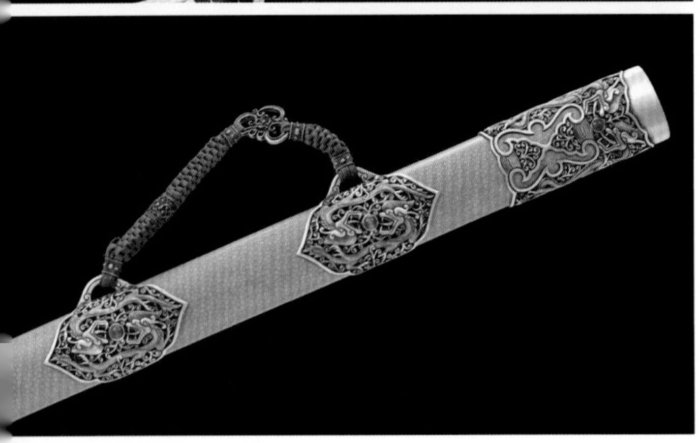

明清剑

尺　　寸：全长108厘米，刃长77厘米，柄长23厘米

剑刃材质：手锻花纹钢

工　　艺：百炼法锻制，烧刃，传统研，四面形制结构

鞘　　质：内质软木，外包鲛鱼皮

配饰装具：全银质地，手工錾刻，镶嵌珊瑚

2014年，明清剑获首届龙泉青瓷、龙泉宝剑年度大奖赛宝剑组金奖，第九届中国工艺美术精品博览会金奖。

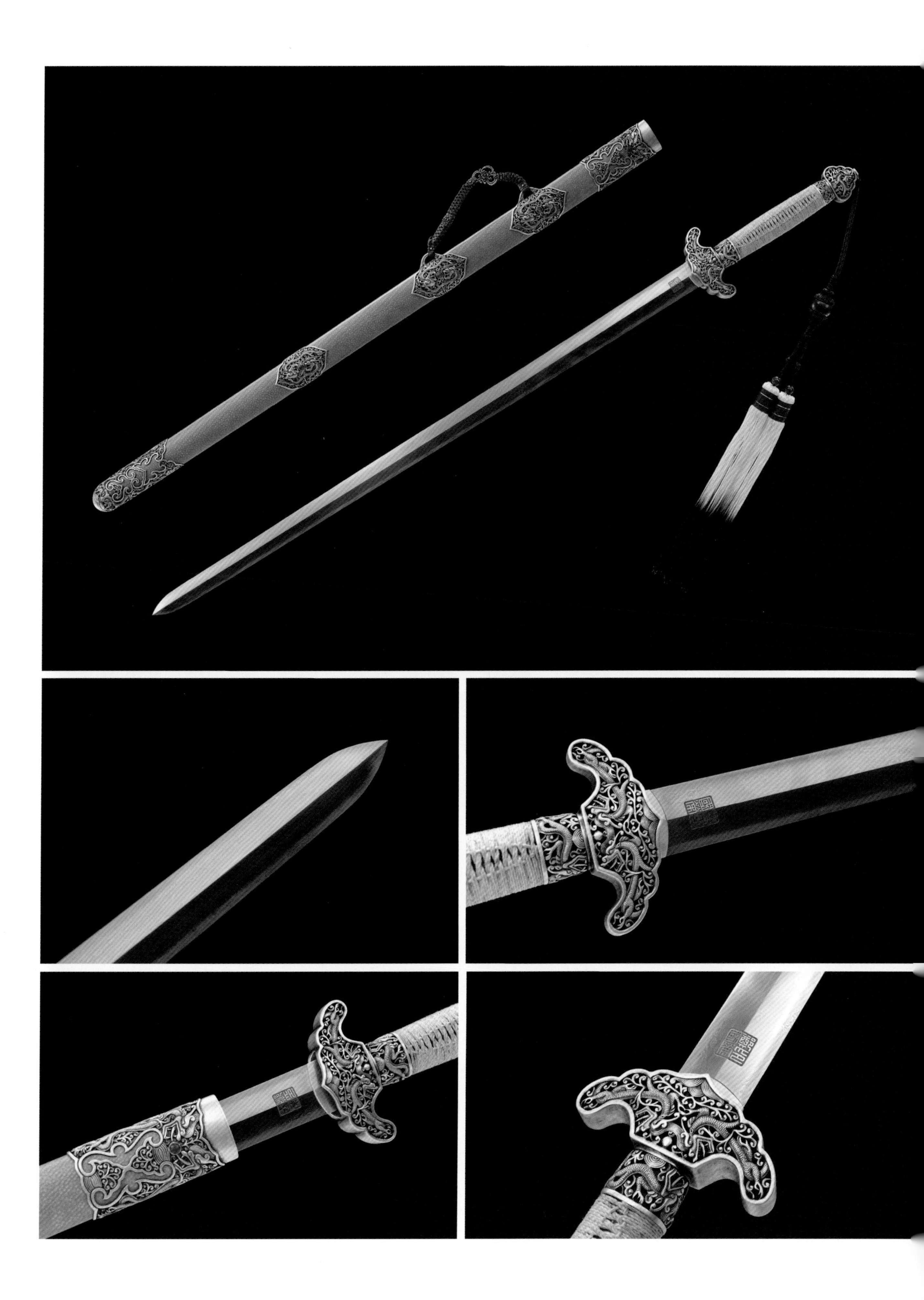

瑞锋剑

尺　　寸：全长 89 厘米，刃长 66 厘米，柄长 20 厘米
剑刃材质：手锻花纹钢
工　　艺：百炼法锻制，烧刃，传统研，四面形制结构
鞘　　质：黑檀木
配饰装具：黄铜质地，手工精制

2018 年，瑞锋剑获第八届中国工艺美术精品博览会金奖。

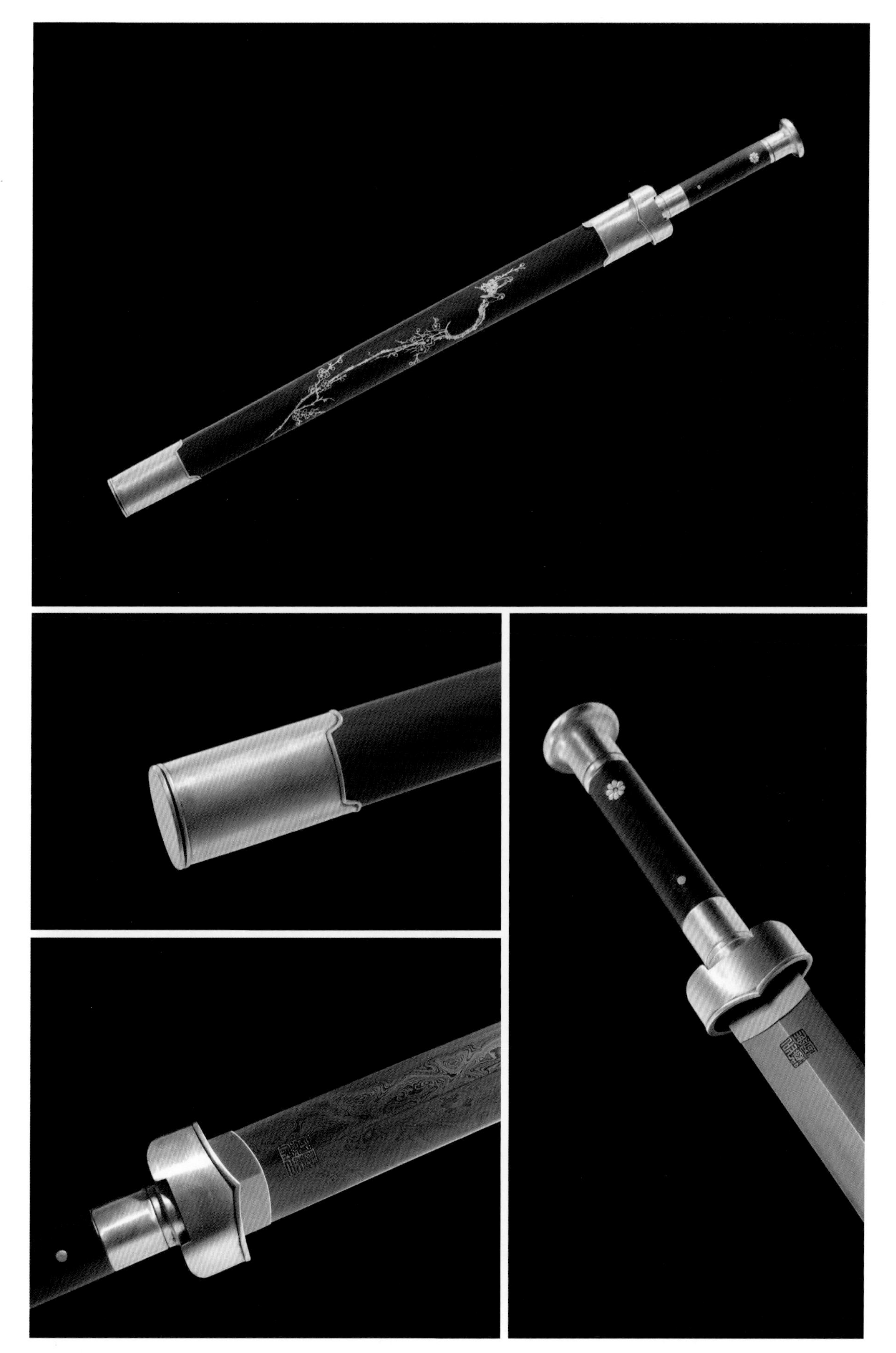

清　剑

尺　　寸：全长103厘米，刃长77厘米，柄长23厘米
剑刃材质：手锻花纹钢
工　　艺：百炼法锻制，烧刃，传统研，四面形制结构
鞘　　质：内软木质，外包鲛鱼皮
配饰装具：黄铜质地，镂空雕刻，古法鎏金

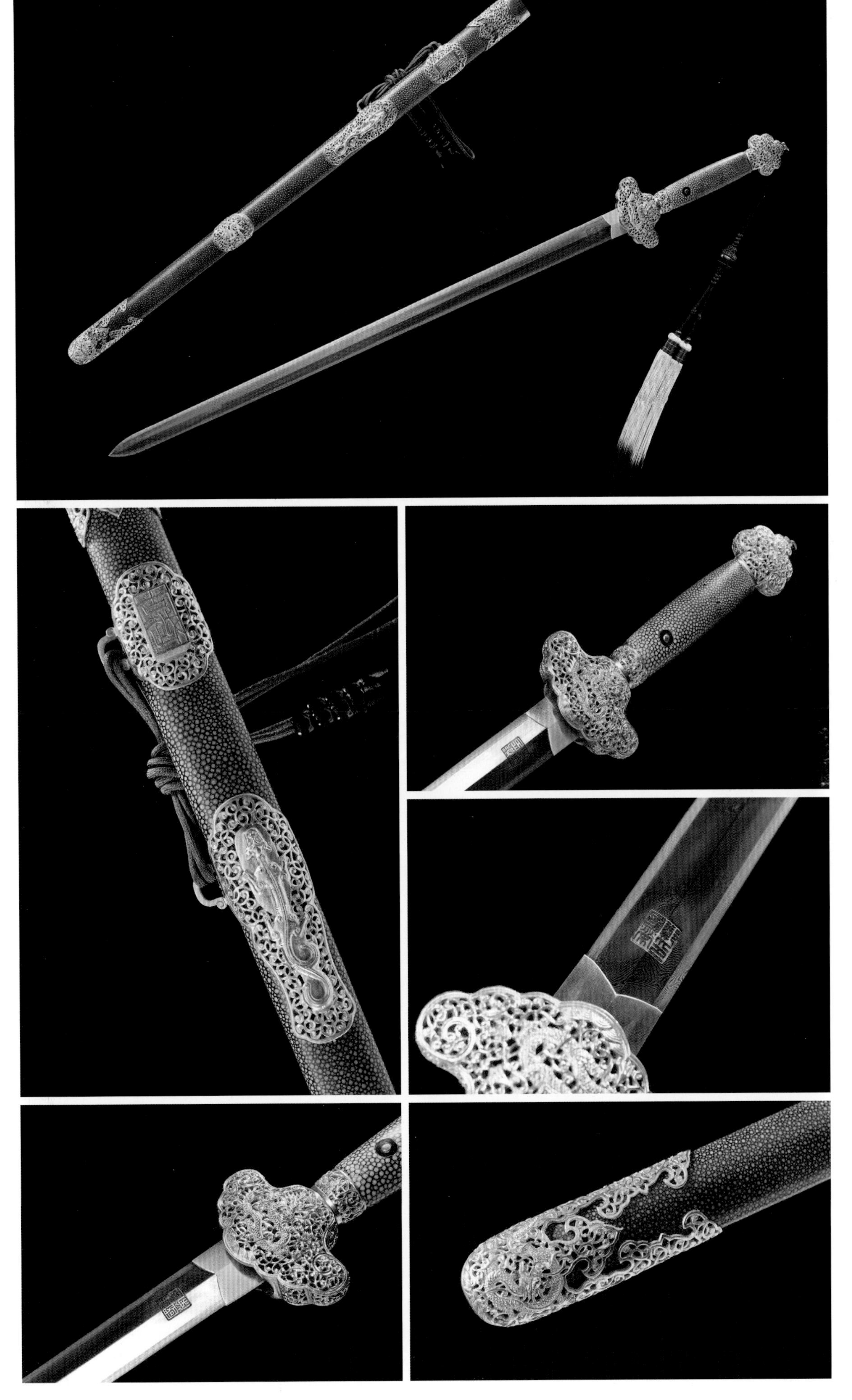

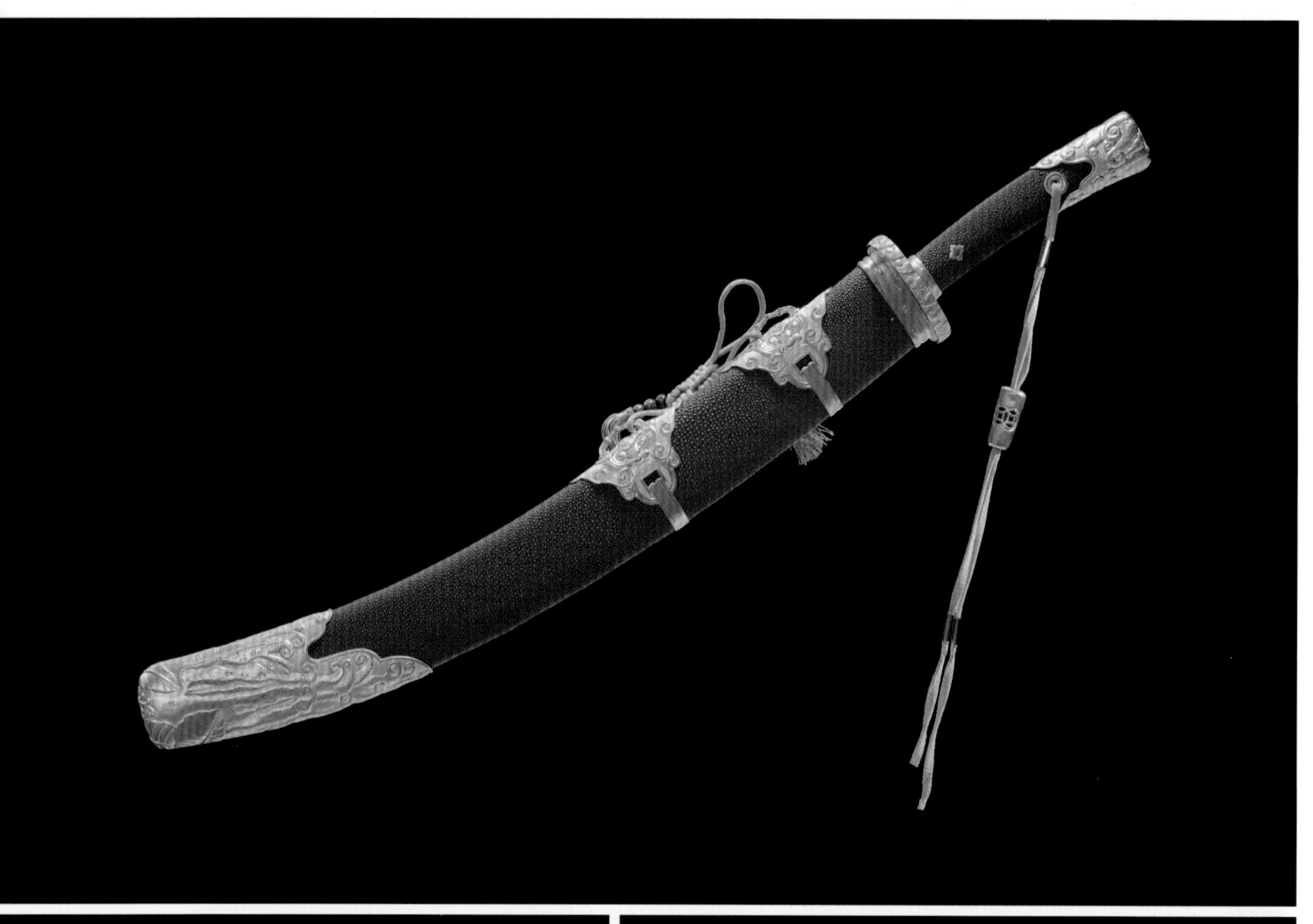

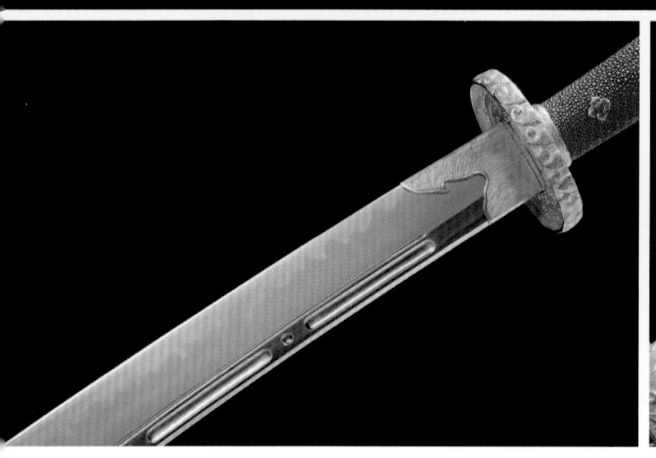

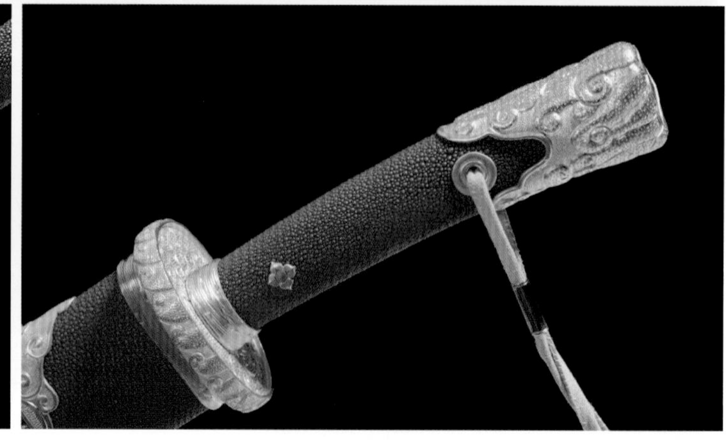

福禄宝刀

尺　　寸：全长 97 厘米，刃长 70 厘米，柄长 23 厘米

剑刃材质：T10 钢

工　　艺：百炼法锻制，覆土烧刃，传统研，八面形制结构

鞘　　质：内软木质，外包鲛鱼皮

配饰装具：黄铜质地，手工錾刻，鎏金

2018 年，福禄宝刀获中国工艺美术精品博览会“神工杯”银奖。

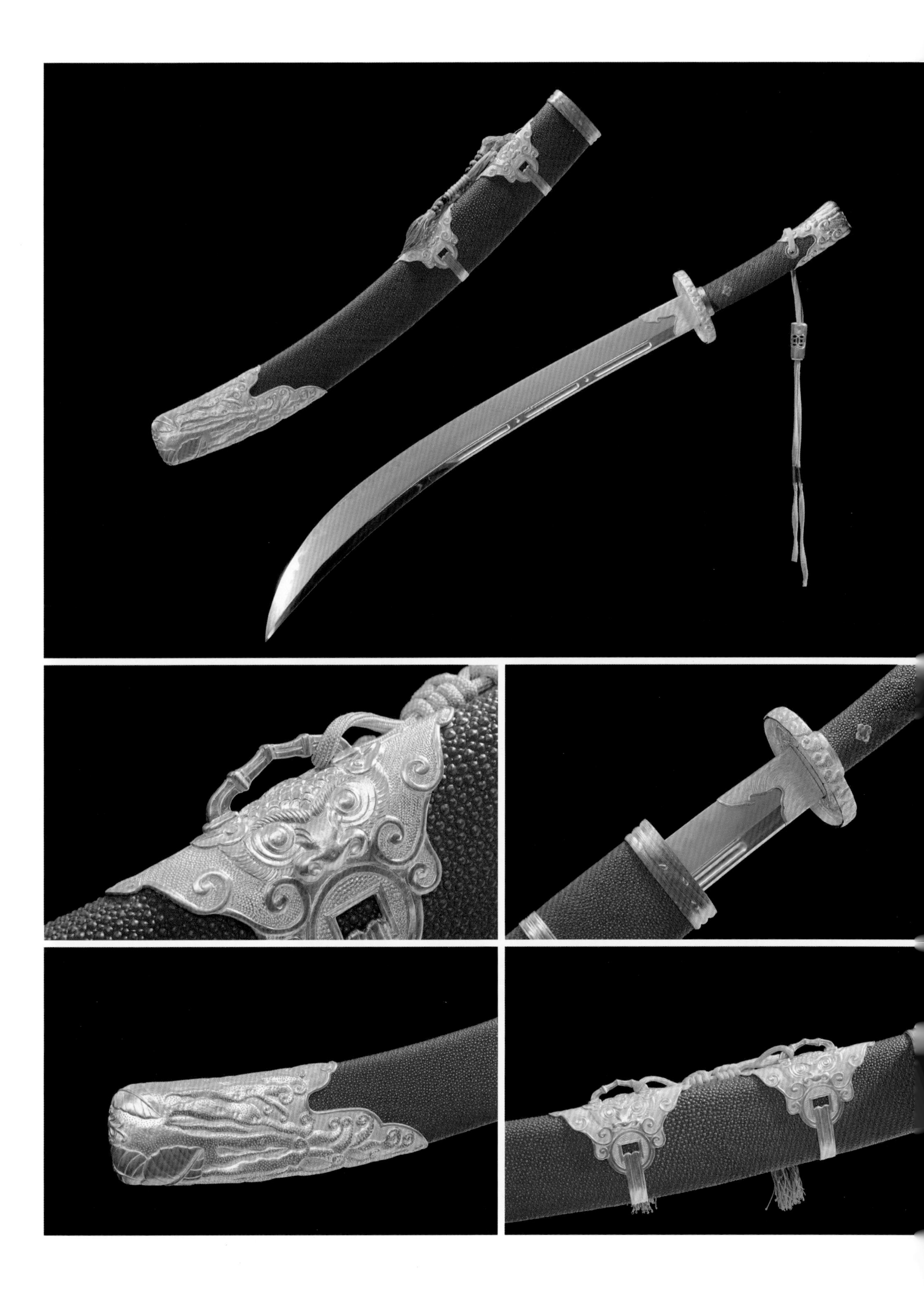

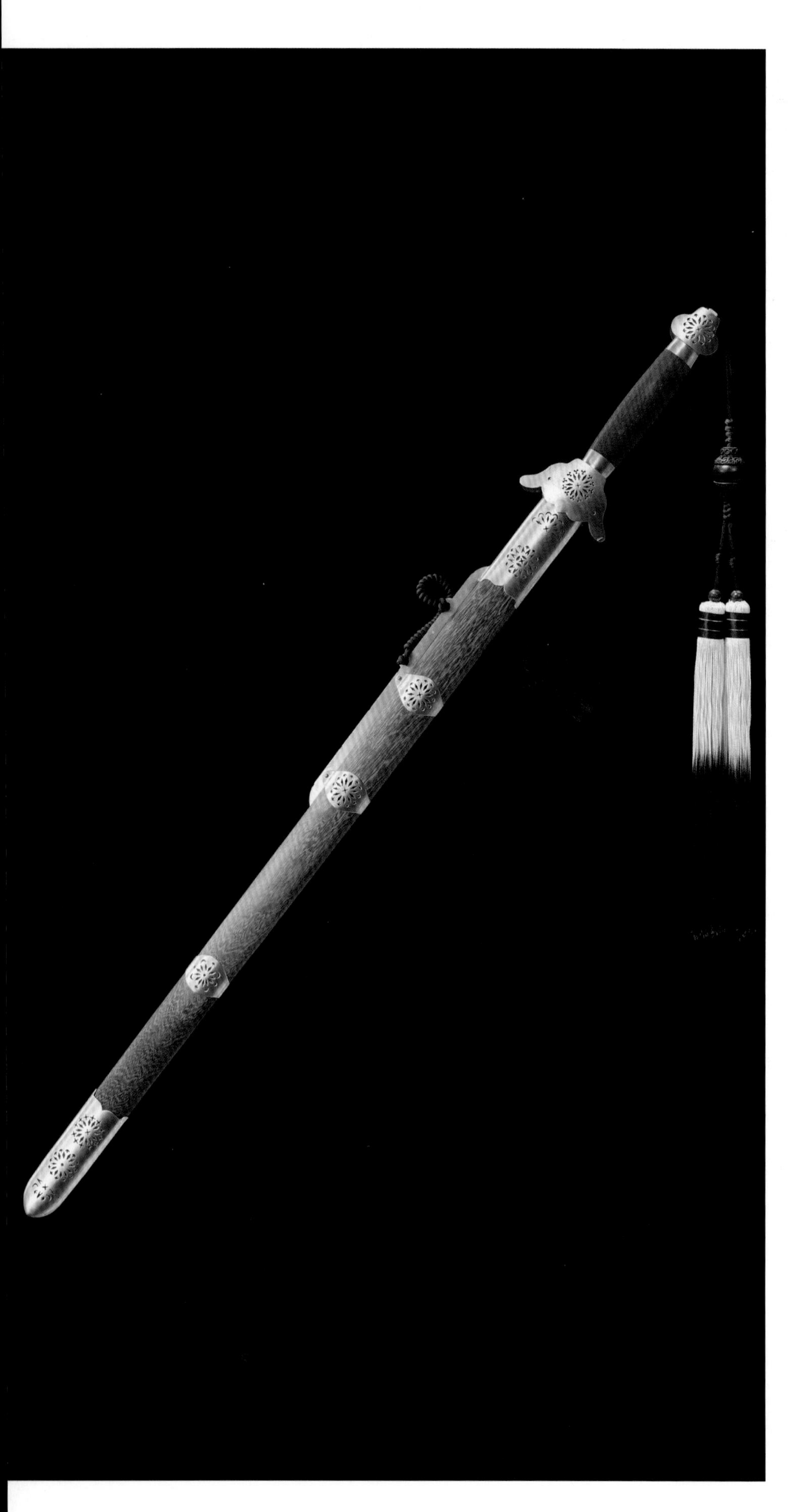

三尺龙泉剑

尺　　寸：全长108厘米，刃长82厘米，柄长23厘米

剑刃材质：手锻花纹钢

工　　艺：百炼法锻制，烧刃，传统磨，四面形制结构

鞘　　质：龙泉本地花梨木

配饰装具：黄铜质地，手工传统法制成

2013年，三尺龙泉剑被浙江省非物质文化遗产保护中心收藏。

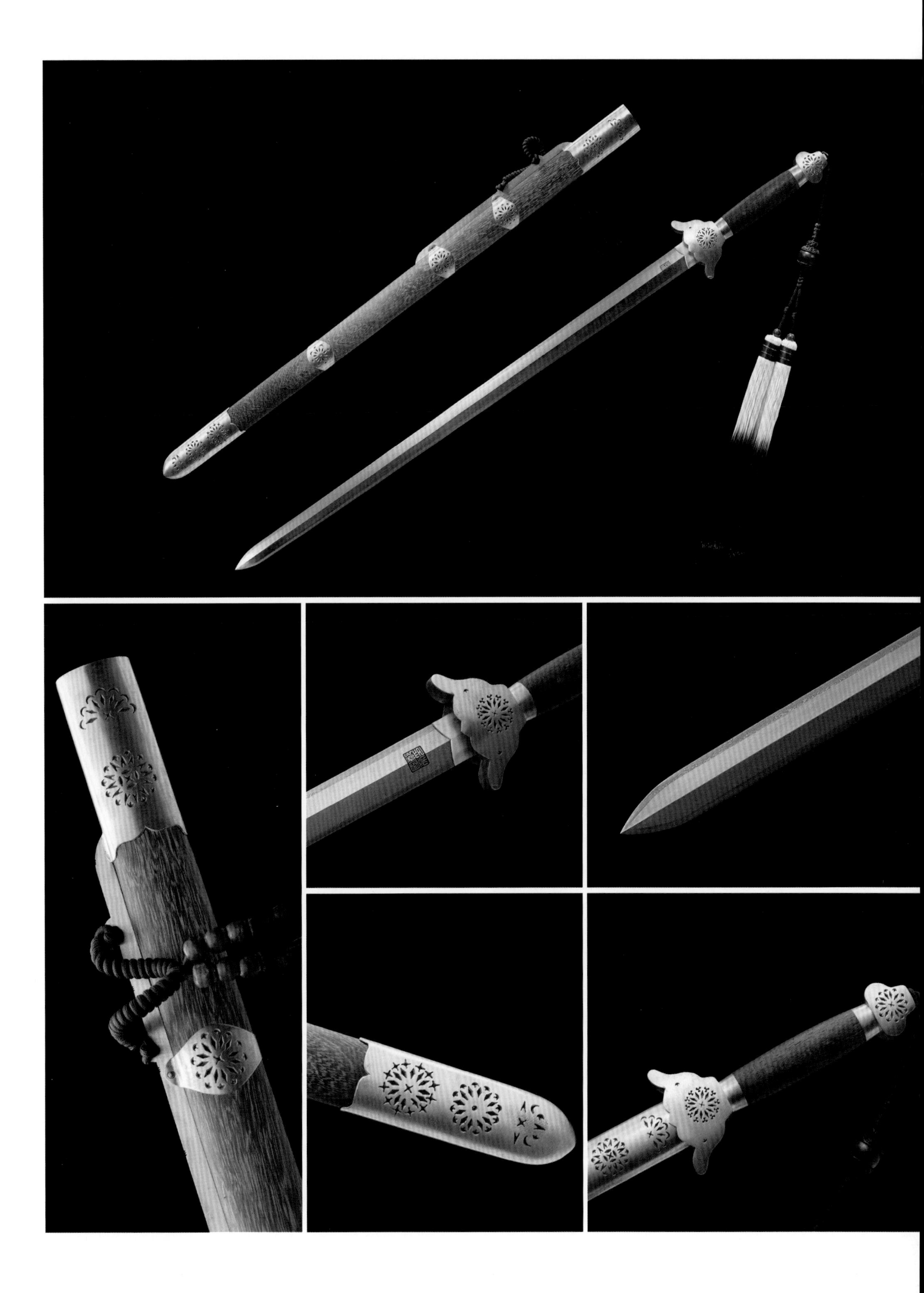

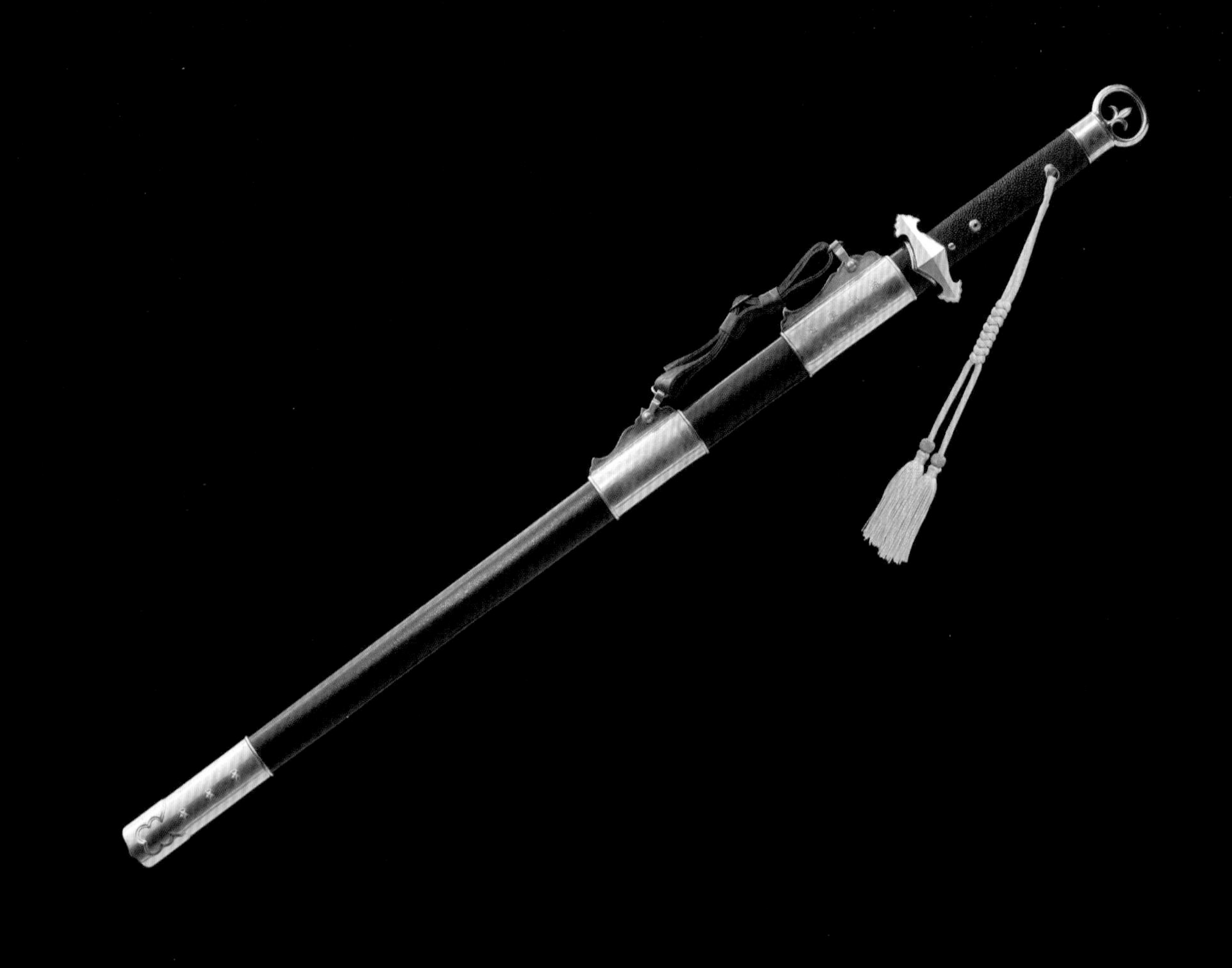

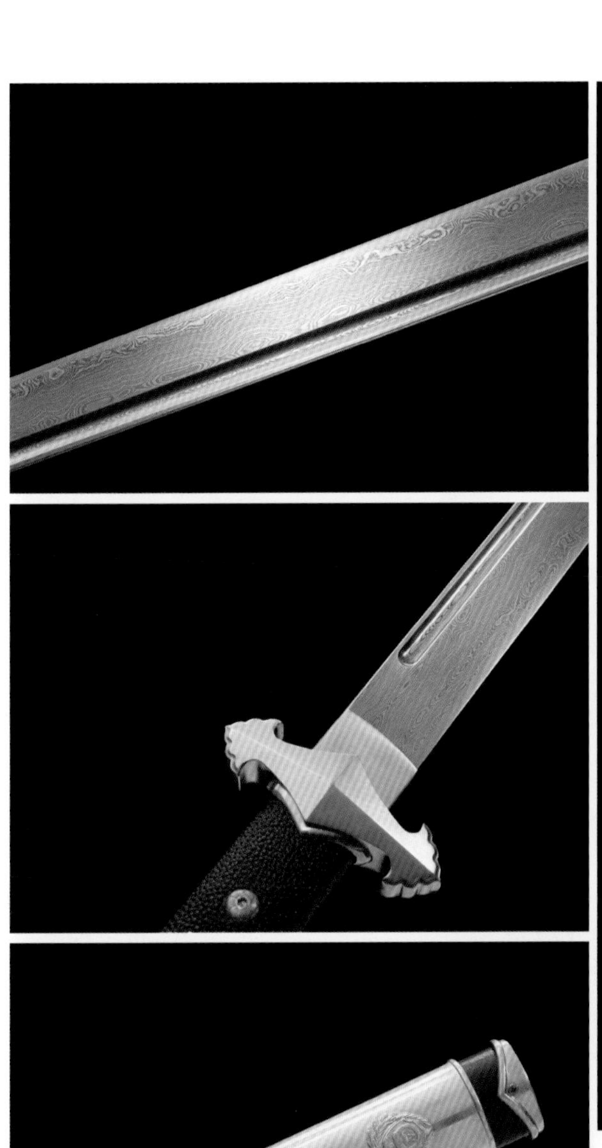

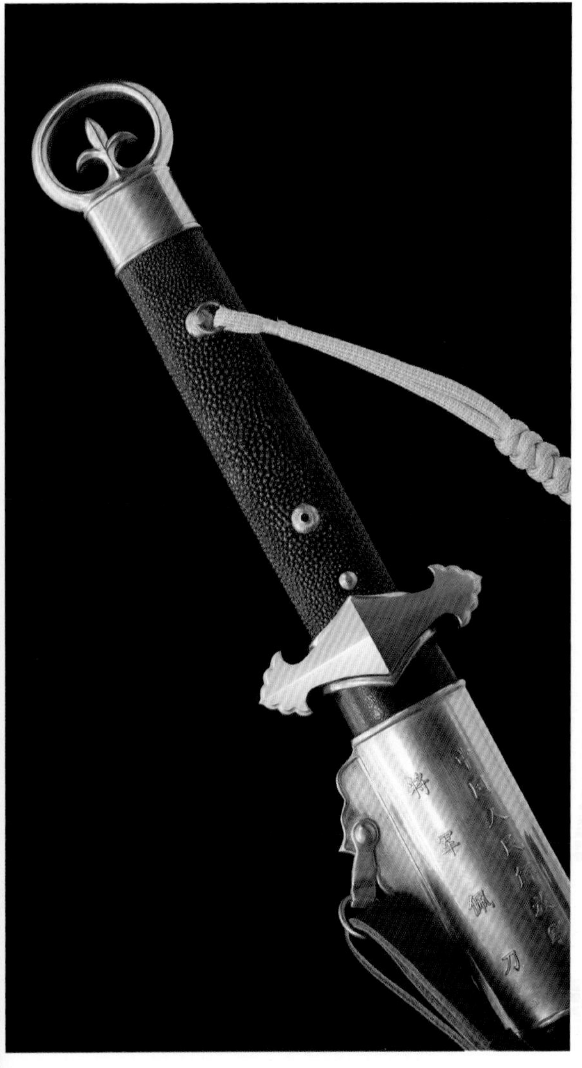

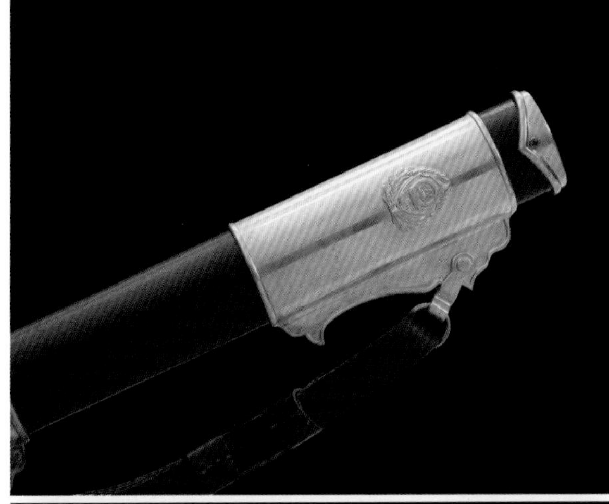

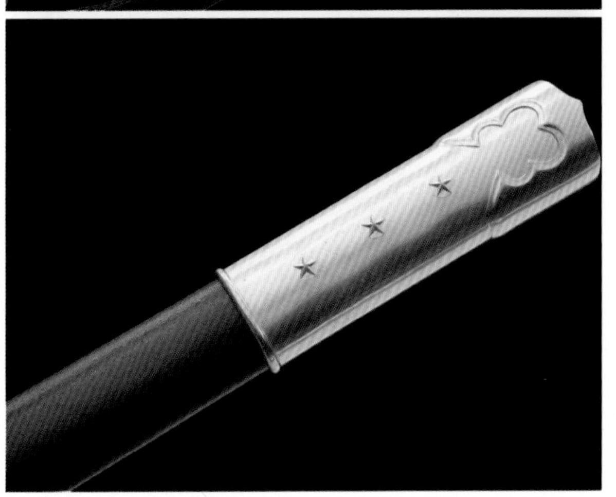

将军佩刀

尺　　寸:全长103厘米,刃长76厘米,柄长24厘米

剑刃材质:手锻花纹钢

工　　艺:百炼法锻制,传统磨,双面血槽,三面形制结构

鞘　　质:铁质,烤漆

配饰装具:铜质地,模板雕琢

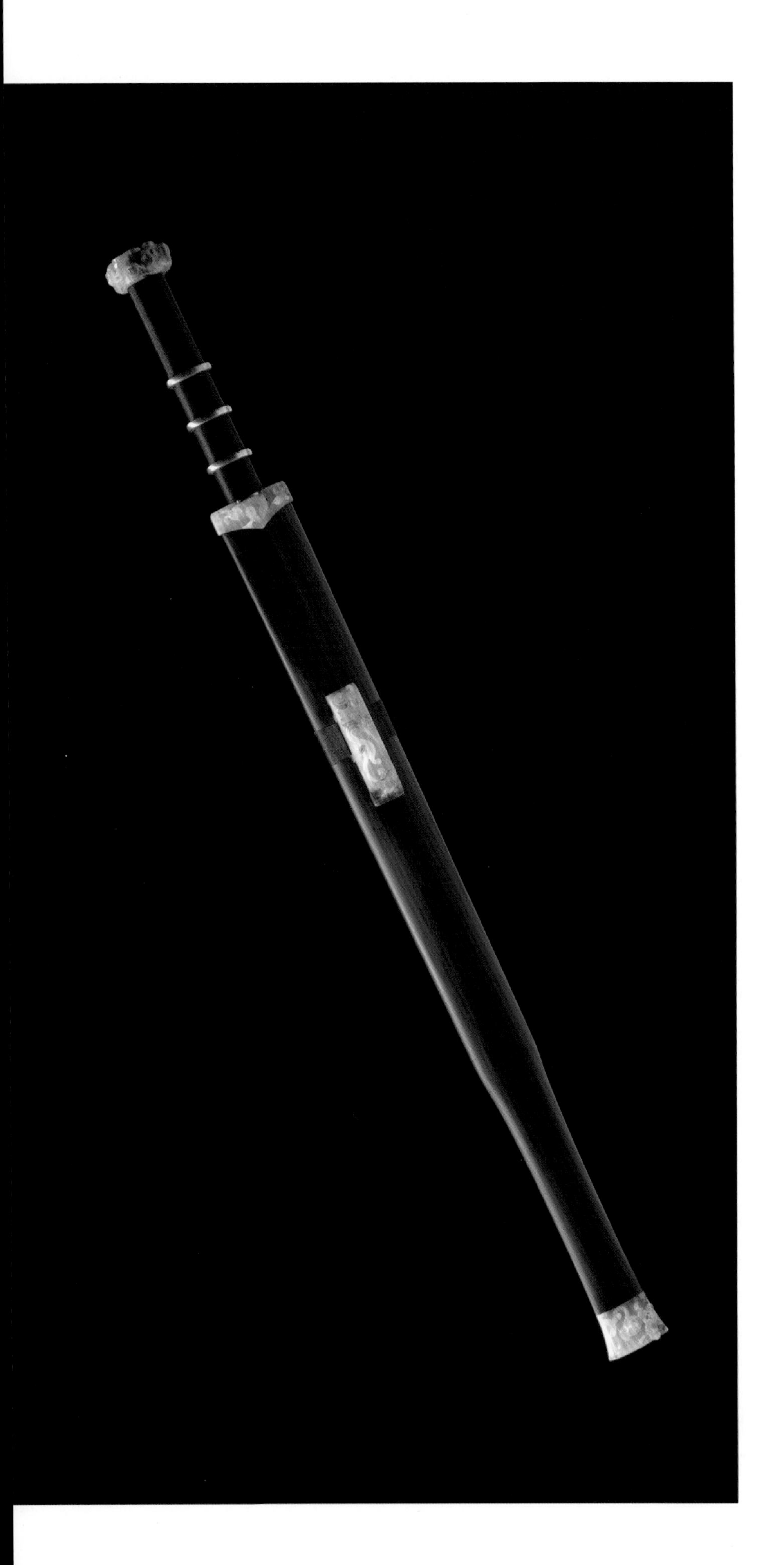

世纪之剑

尺　　寸：全长102厘米，刃长86厘米，柄长26厘米

剑刃材质：手锻花纹钢

工　　艺：百炼法锻制，传统磨，瓦楞形结构

鞘　　质：黑檀木

配饰装具：和田玉，赤龙主题

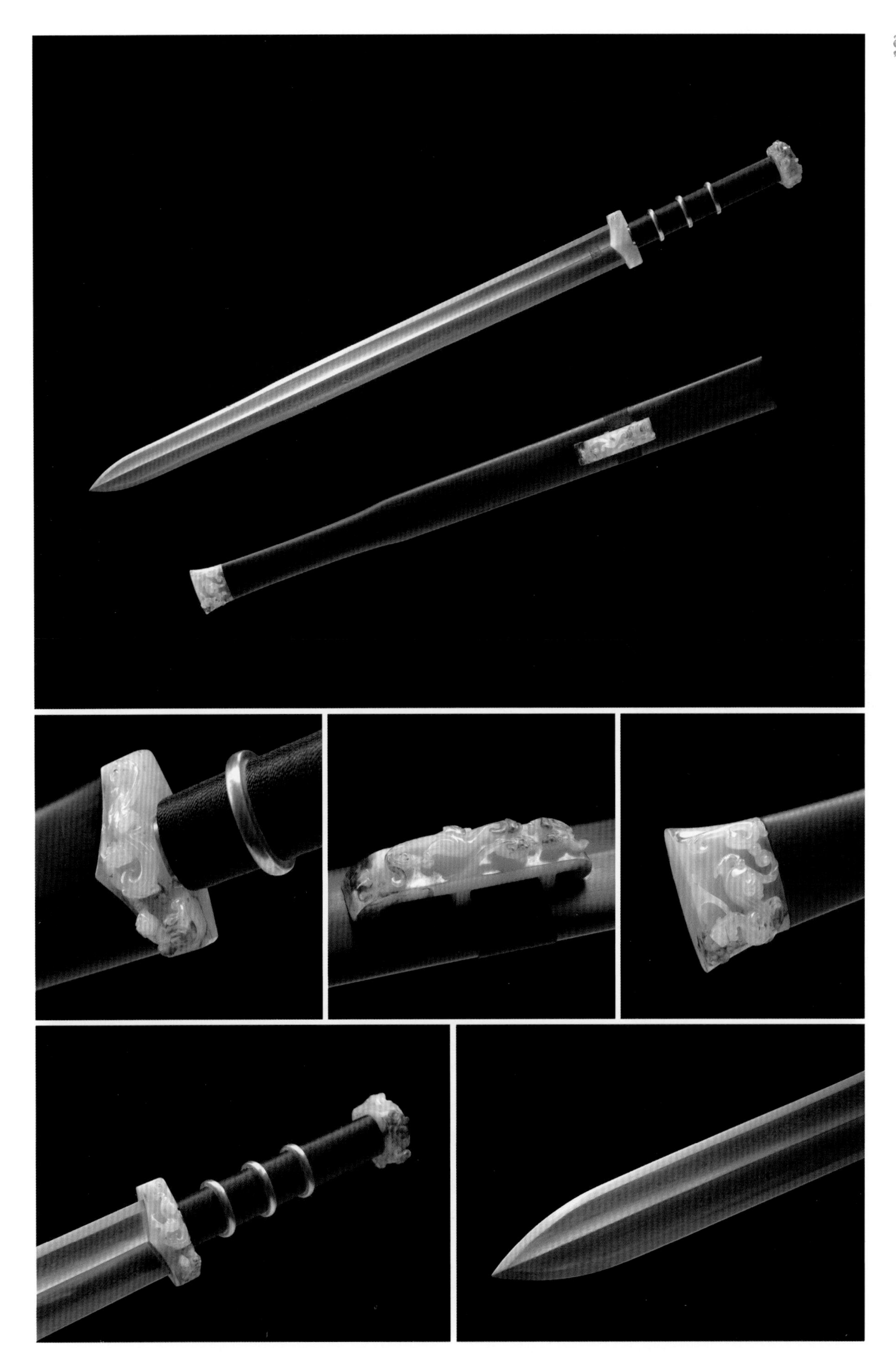

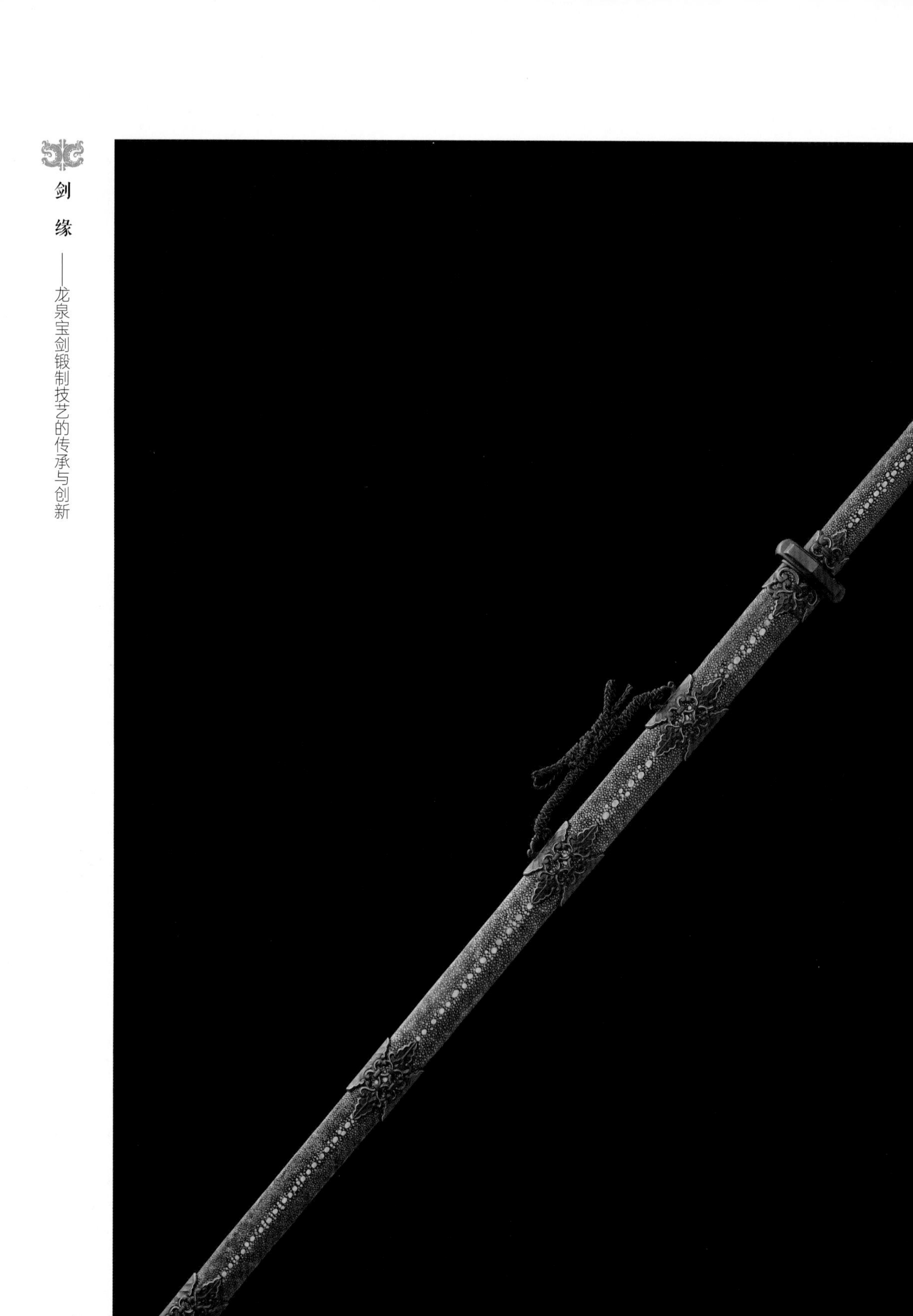

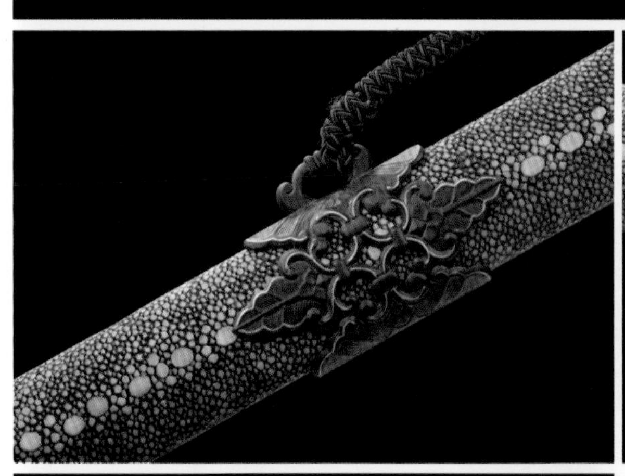

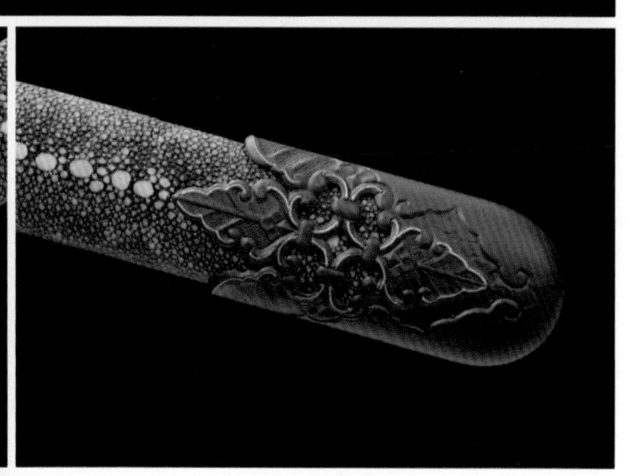

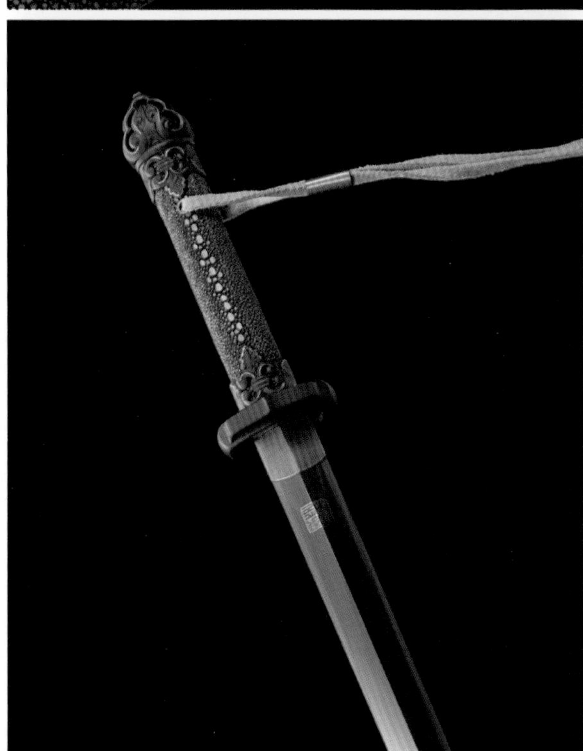

唐风剑

尺　　寸：全长99厘米，刃长77厘米，柄长20厘米

剑刃材质：手锻花纹钢

工　　艺：百炼法锻制，烧刃，传统研，四面形制结构

鞘　　质：内质软木，外包珍珠鱼皮

配　　饰：装具，铁质地，浮雕，嵌银丝

2011年，唐风剑获中国工艺美术大师作品暨工艺美术精品博览会金奖。

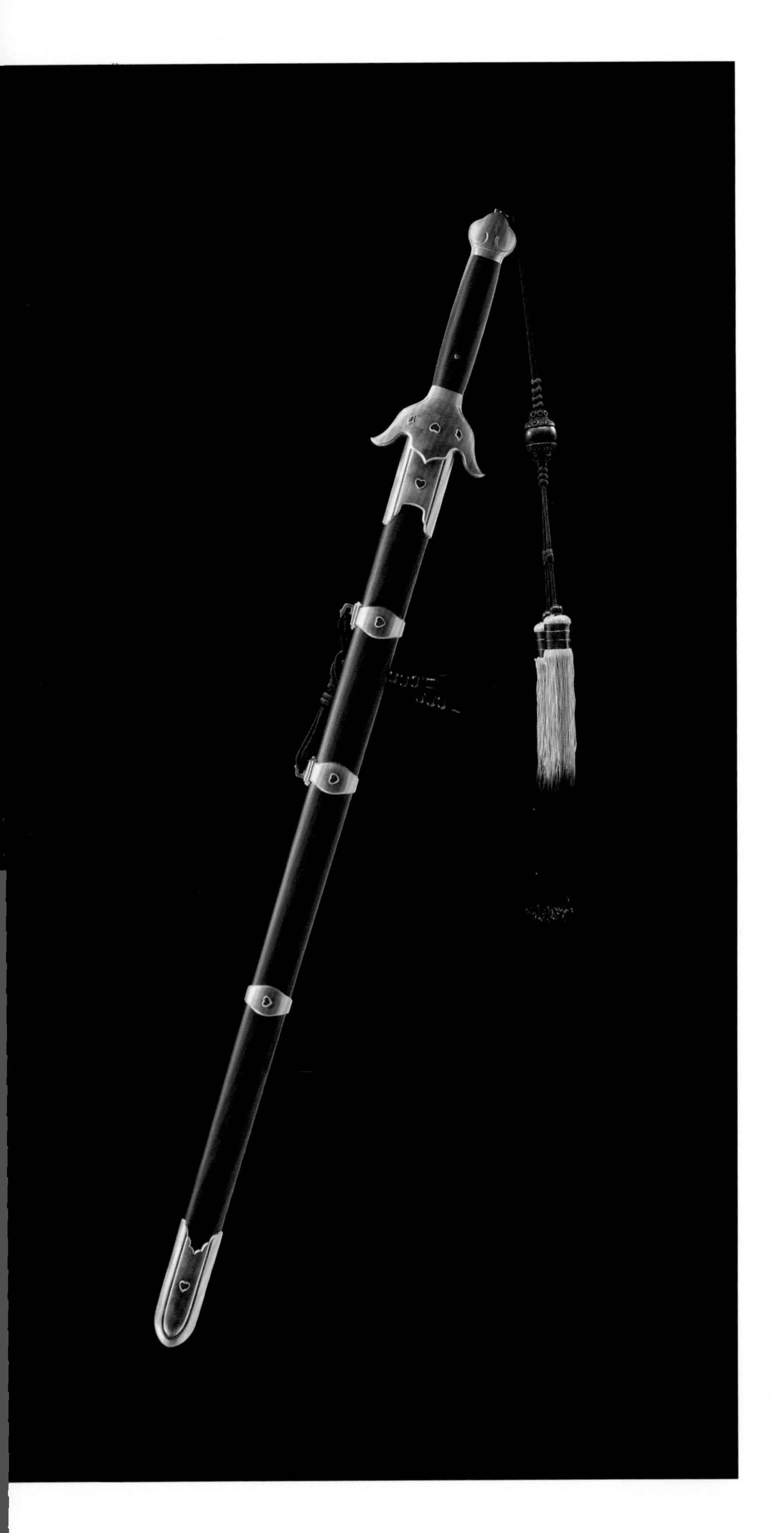

素心剑

尺　　寸：全长108厘米，刃长82厘米，柄长22厘米

剑刃材质：手锻花纹钢

工　　艺：百炼法锻制，覆土烧刃，传统研，四面形制结构

鞘　　质：紫檀木

配饰装具：黄铜质地，手工雕琢，镶红珊瑚，古法鎏金

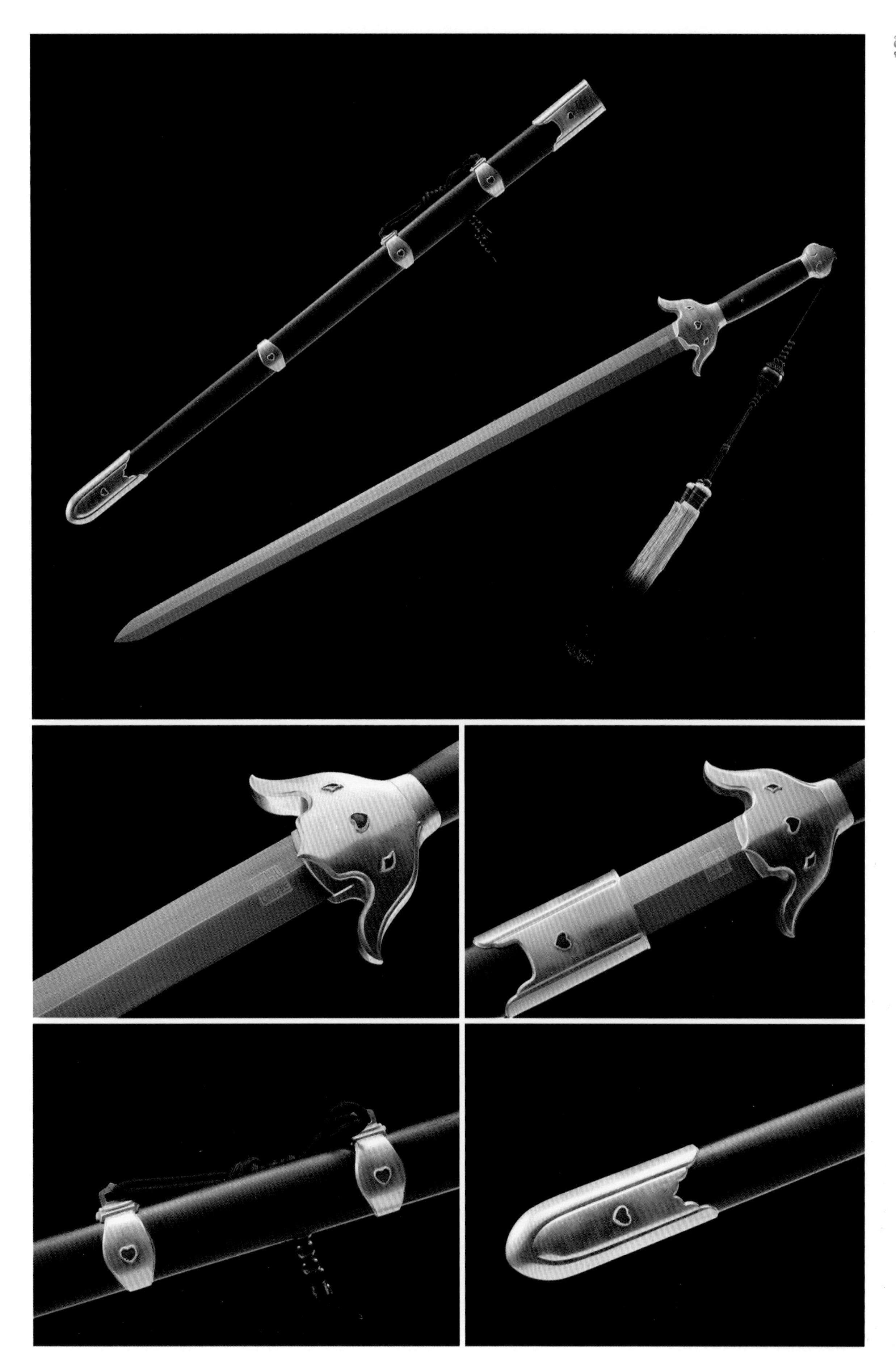

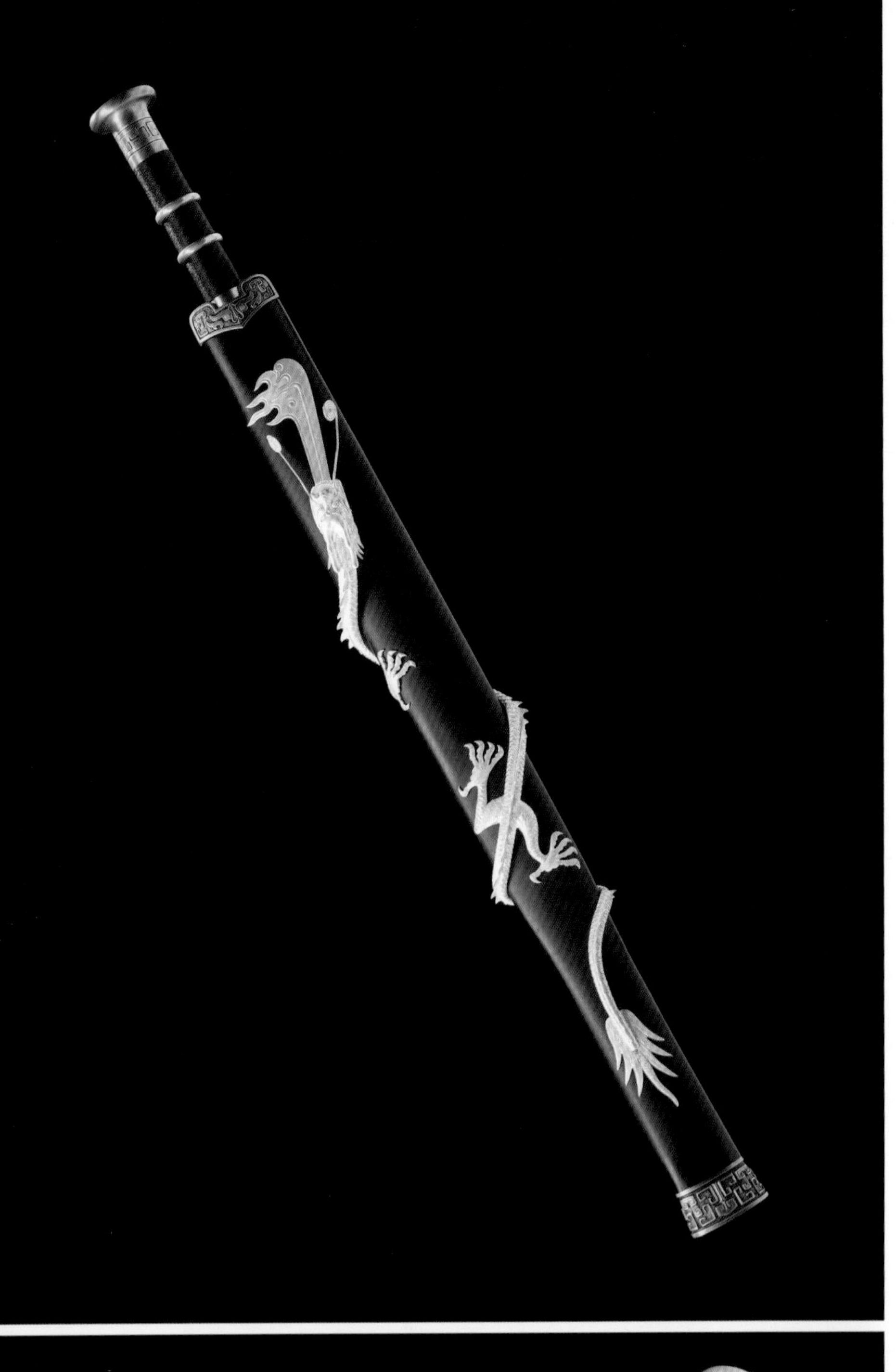

天剑(陨铁剑)

尺　　寸:全长75厘米,刃长55厘米,柄长15厘米

剑刃材质:陨铁

工　　艺:百炼法锻制,夹钢,传统研,八面形制结构

鞘　　质:黑檀木

配饰装具:黄铜、银,雕刻精制

2012年,天剑获第47届全国工艺品交易会“金凤凰·扬州赛区”创新产品设计大奖赛银奖。

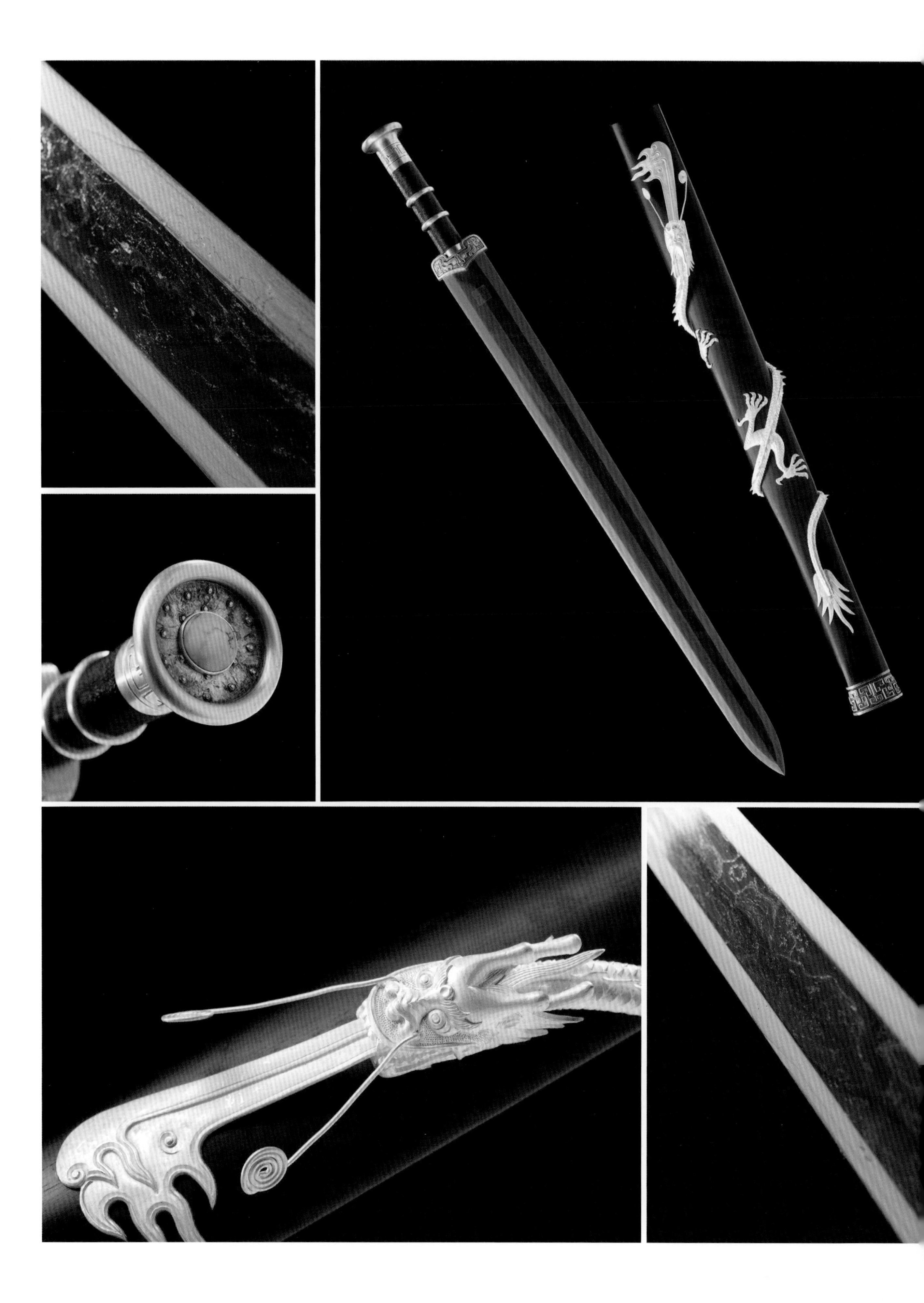

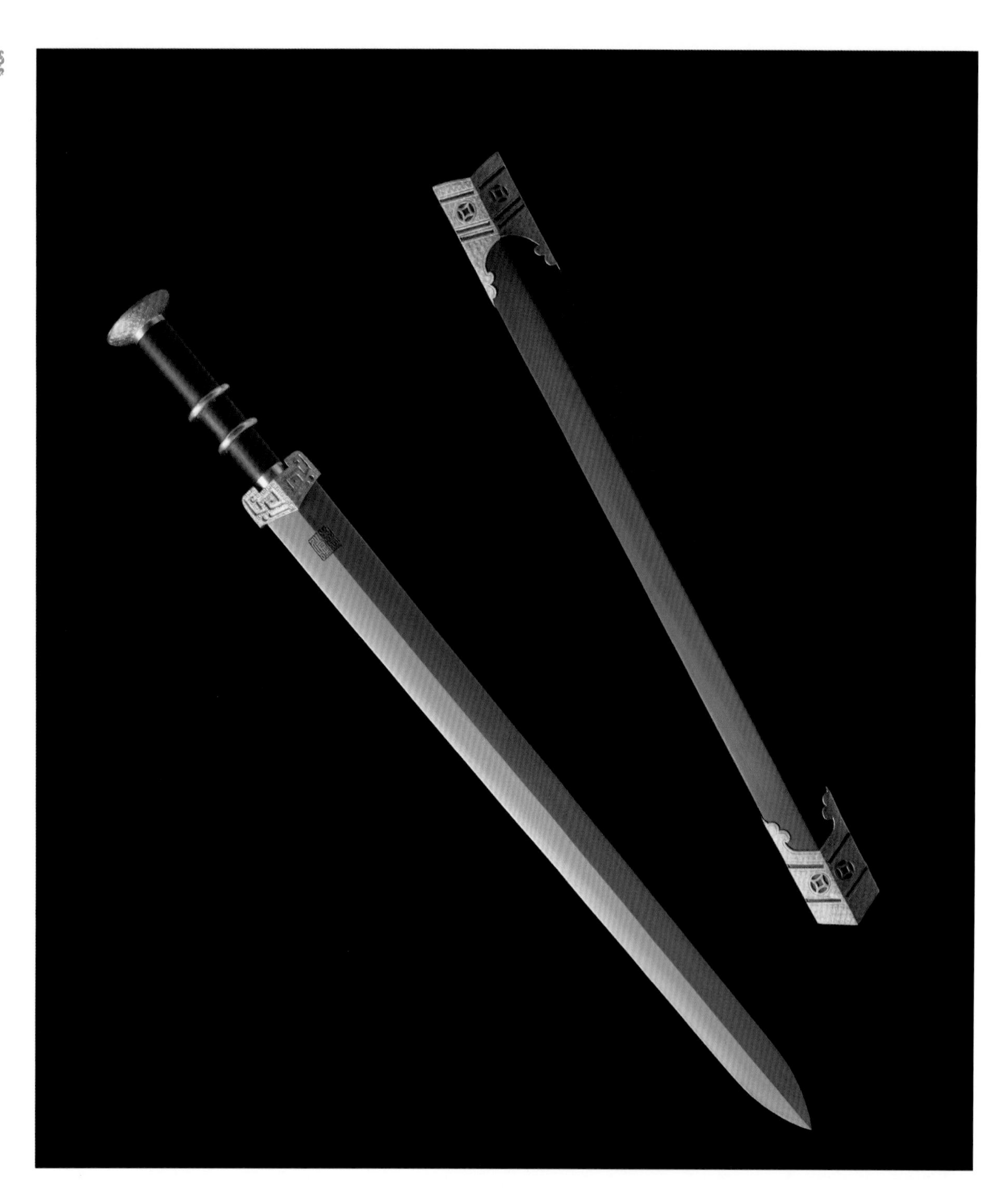

百辟短剑

尺　　寸：全长 65 厘米，刃长 44 厘米，柄长 12 厘米
剑刃材质：手锻花纹钢
工　　艺：百炼法锻制，烧刃，传统研，四面形制结构
鞘　　质：黑檀木
配饰装具：黄铜质地，手工錾刻

三柄百辟短剑分别被龙泉宝剑博物馆、浙江省博物馆、湖南省衡阳市博物馆收藏。

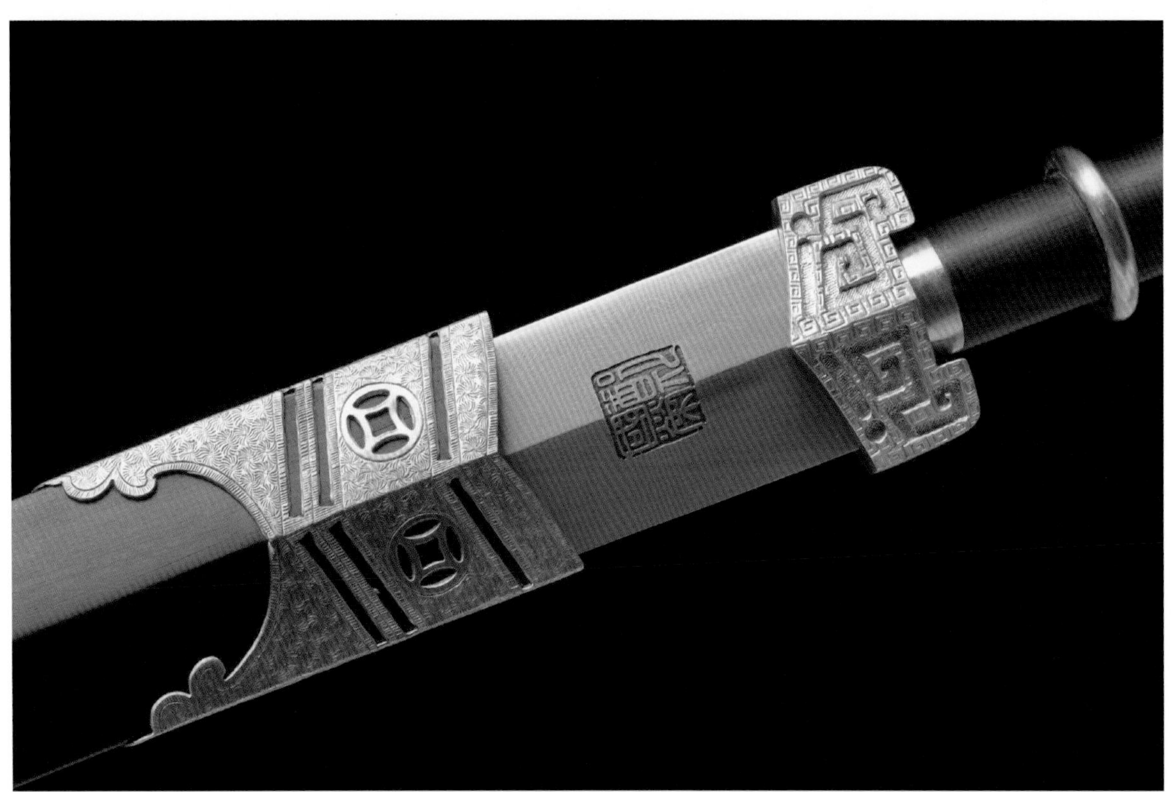

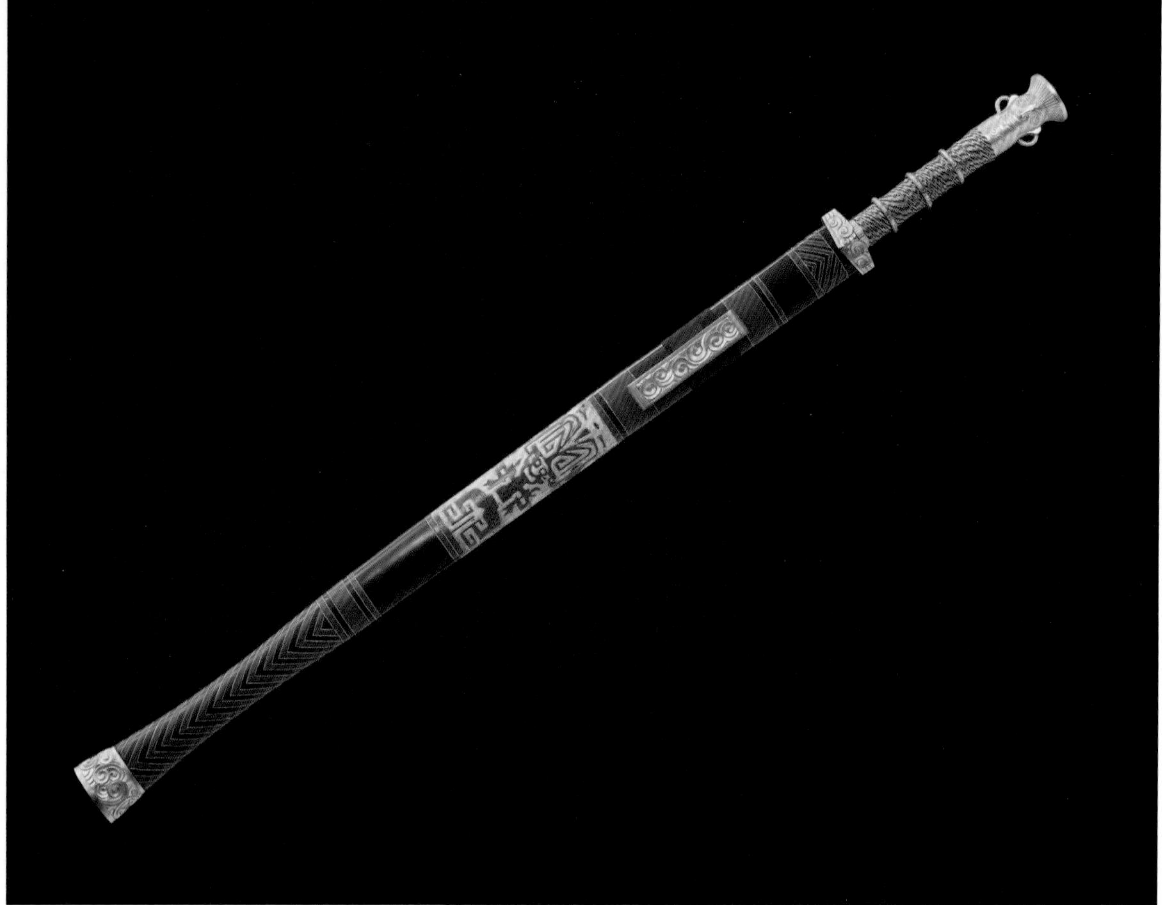

秦 剑

尺　　寸：全长103厘米，刃长77厘米，柄长24厘米

剑刃材质：手锻花纹钢

工　　艺：百炼法锻制，烧刃，传统研，八面形制结构

鞘　　质：软木油大漆

配饰装具：黄铜质地，手工雕刻

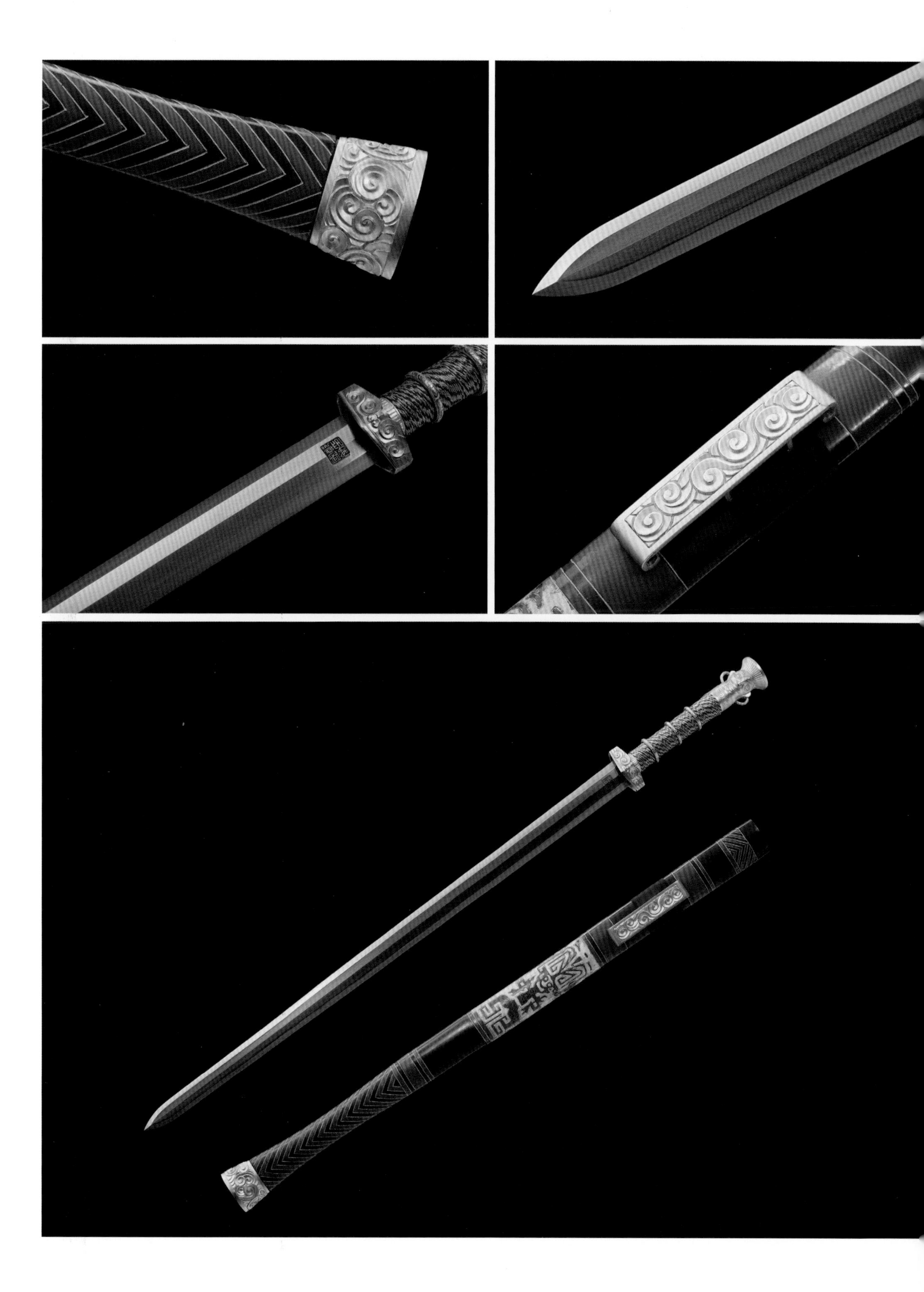

兰剑

尺　　寸：全长94厘米，刃长71厘米，柄长22厘米

剑刃材质：手锻花纹钢

工　　艺：百炼法锻制，烧刃，传统研，四面形制结构

鞘　　质：黑檀木

配饰装具：铜质地，手工錾刻

兰剑被龙泉宝剑博物馆收藏。

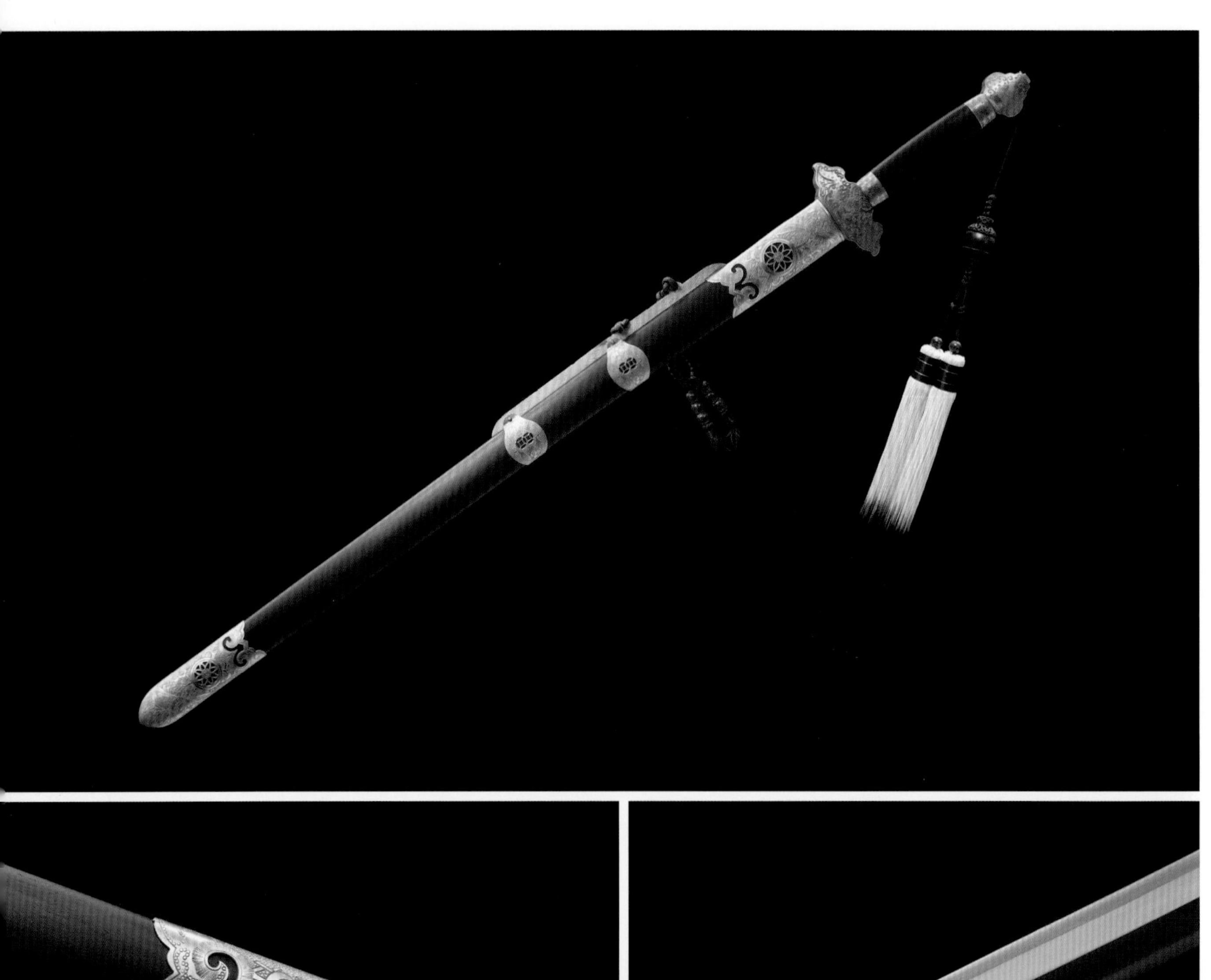

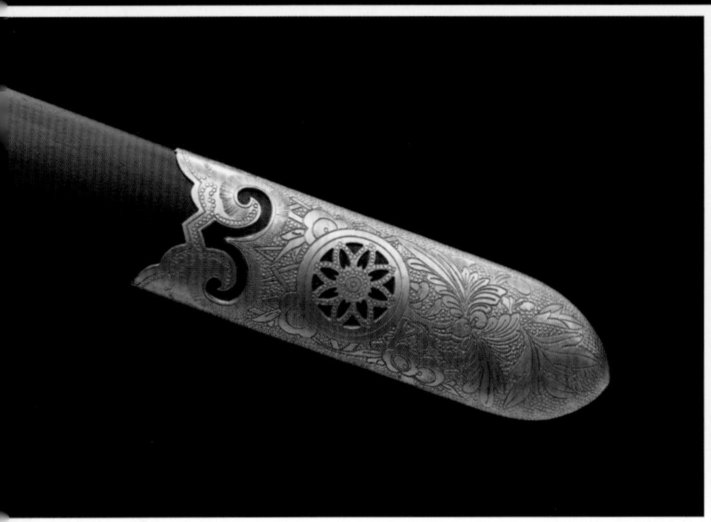

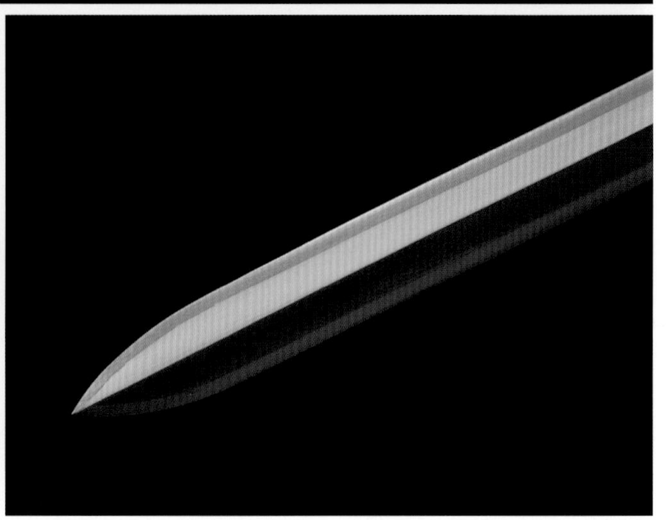

晚清刻花剑

尺　　寸：全长 103 厘米，刃长 77 厘米，柄长 23 厘米
剑刃材质：手锻花纹钢
工　　艺：百炼法锻制，传统磨，四面形制结构
鞘　　质：黑檀木
配饰装具：白铜质地，传统刻花精制

晚清刻花剑被丽水市博物馆收藏。

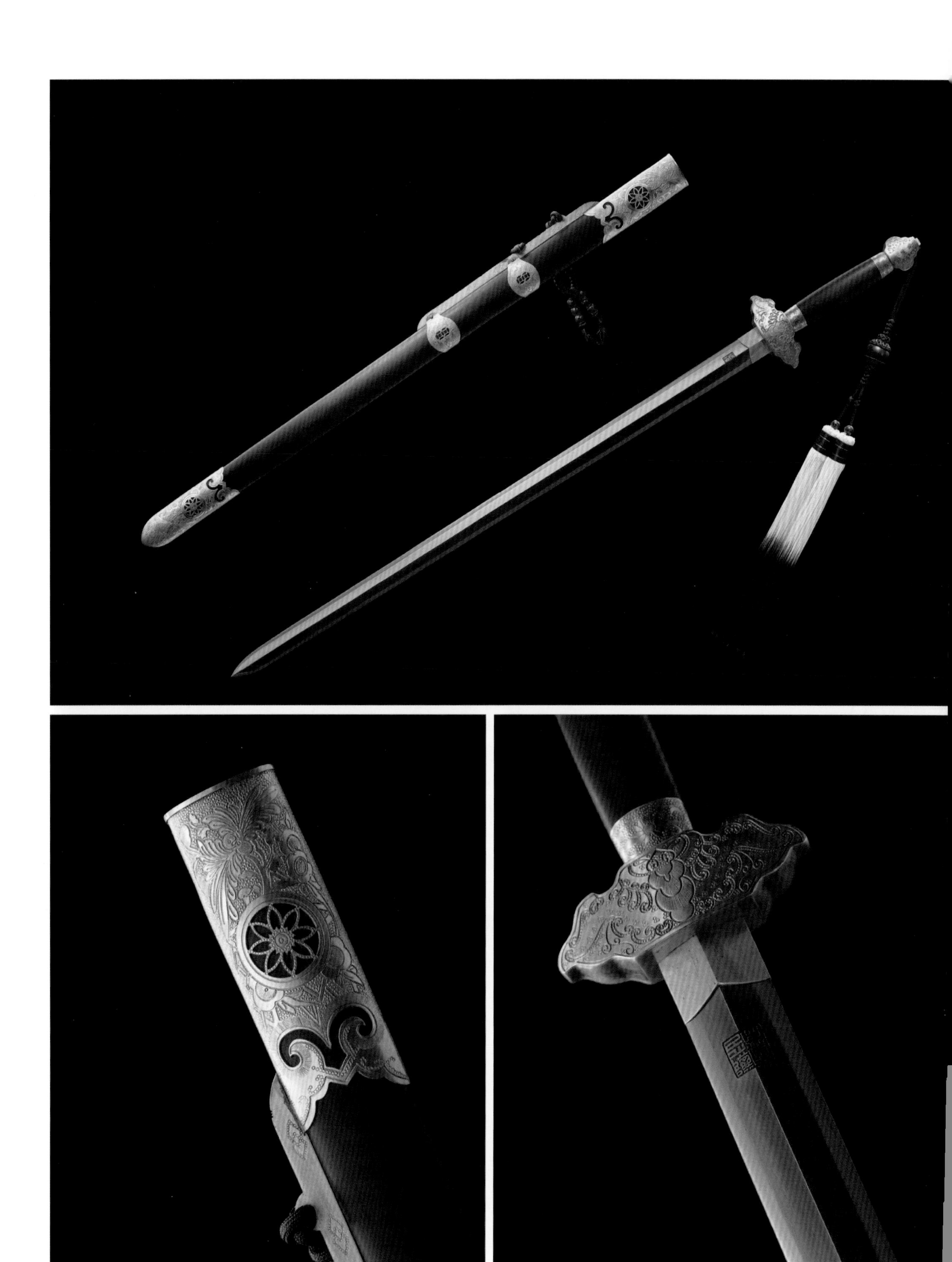

中华神剑

后记

POSTSCRIPT

敬爱的读者，当您翻阅《剑缘——龙泉宝剑锻制技艺的传承与创新》时，也许会觉得既无文采也不生动。是啊，一个剑匠为什么要跨界去写书呢？其实，我的内心一直有两点想法。一是，龙泉宝剑锻制技艺迄今为止没有一个系统的文本，更没有一本可供艺人学习的专业教材。一直以来，仅凭师徒关系心传口述，迭代相传。这样的方式其实已难以适应时代发展的要求。本人愿将自己从艺四十多年来的一些经验得失记录下来，供大家参考借鉴。二是，龙泉宝剑历史悠久，工艺精湛，有着丰富的文化内涵。自古文人墨客笔下生辉，留下不少千古名篇。反观现在，热衷于宝剑文化研究及相关文学创作的人真的不多。根据本人多年的体会，认为龙泉宝剑行业其实有许多内容可写，而且十分值得写。在此，热忱欢迎更多朋友参与进来，共同书写龙泉宝剑的好故事，致力于发扬龙泉宝剑文化。

龙泉宝剑锻制技艺需要总结创新，龙泉宝剑文化值得挖掘弘扬。正是基于这两方面的考虑，我才斗胆做出这个冒昧的举动。尽管内容不够生动，但故事都是真实的；虽然语言缺乏文采，但我的心是真诚的。我想这便是我写书的初衷。

本书可以说是我从艺四十多年来的经历、体会和感悟。大致记录了从我当初为了生活选择了宝剑，到逐渐掌握铸剑技艺，加深了对宝剑文化的理解，为龙泉宝剑锻制技艺的传承与创新所做的一些探索和努力，一路摸爬滚打、结缘各方的铸剑人生。

承蒙黄格胜先生为本书题写书名，尚刚先生、沈振华先生分别作序，为拙作增色添彩，在此，谨向三位长者以及在编写过程中给予精心指导、鼎力相助的各位朋友，致以崇高的敬意与衷心的感谢！

特别感谢龙泉市文化和广电旅游体育局对本书出版给予的大力支持！

由于本人水平有限，拿笔比拿锤还重，书中不足之处再所难免，敬请大家批评指正。

郑国荣

2021年9月